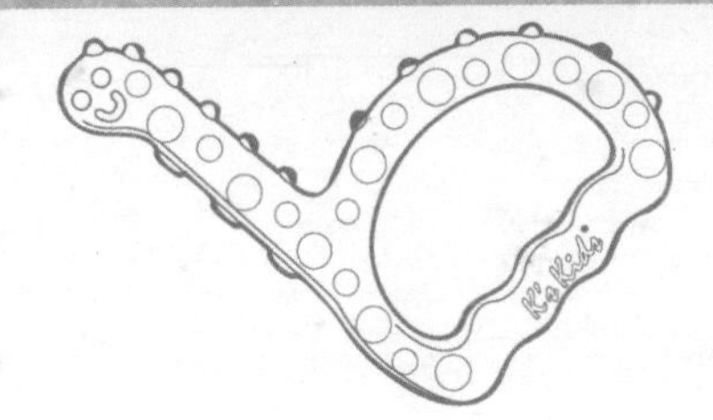

Training2s™ 學易樂
© a K's Kids® production

玩出孩子的大能力

語言・動作・感官・社交・感覺統合

內含超過100個親子遊戲

玩具對孩子的重要性

當一個初生嬰兒第一次張開他的眼睛，他便對所有的事物充滿了好奇。他所接觸到的每一件事物，都將是一個寶貴的學習經驗，影響著他的一生。人的智力發展最快速的時期就是嬰幼兒時期。這個時期，孩子對外界刺激特別敏感，最容易接受外界信息，孩子從遊戲中學習，而玩具便是刺激及助長孩子智力發展的媒介。在這期間若能為孩子選擇合適的玩具，依照兒童健康發展的方向，選擇包括生理（體能）發展，智慧發展及社交發展……等全能發展元素的玩具，讓孩子儘量在多方面提高接觸層面，幫助他們發揮先天潛能，便能收到事半功倍的效果，為未來打好穩健的基礎。

生理發展方面

嬰幼兒的視覺、觸覺及聽覺等都未發展成熟，就如寶寶在0至6個月期間只可看到黑白紅三種顏色，還未有色彩的概念，亦未能手眼協調的緊握一些物品。因此，嬰幼兒所需要的是刺激感官和訓練大小肌肉的玩具。像是軟硬不同材料或凹凸不平的表面，都能啟發寶寶的觸覺；發聲和搖動玩具可以促進其聽覺發展；而會旋轉、移動、發亮和色彩鮮豔的玩具都令寶寶著迷，也提高他們視覺感官動力和觀察能力。

情緒及個性發展方面

合適的玩具會帶給寶寶快樂、愉悅的情緒，有助樂觀進取的個性。
基於不同的遺傳因素及後天生活環境，小寶寶會在成長過程中養成其獨特的性格及培養自我形象，除了在日常生活言行教育外，選擇適當的玩具可引導孩子在玩耍中糾正自己不良的性格及壞脾氣。選擇靜態性的玩具可糾正寶寶過分活躍的性格。把寶寶的注意力引導到手腦並用的拼、搭和閱讀類的玩具上，久而久之就能改善小寶寶坐不定、靜不下來的個性。選擇動態性的玩具可修正寶寶孤僻的性格。因為選擇一些能由寶寶控制而發光、發聲及動起來的玩具，讓孩子追著走，久而久之孩子的語言活動和互相交流的能力增強，逐漸改變孤僻性格，孩子也活潑起來。

智力發展方面

玩具可以增加兒童的知識，引發想像、創作潛能、邏輯思維以及鍛鍊他們的分辨能力、注意力、記憶力和觀察力，同時加深對環境的認識。以英文字母、數字和日常生活為主題的玩具能增加嬰幼兒入學前學習生活常識和語言表達能力。透過不同形狀、顏色的組合和排列大小的玩具，有助寶寶智力發展、藝術思維並培養理解能力，為日後打穩學習基礎。而設計生動有趣的立體布書，可培養孩子閱讀的興趣，進而加強表達能力。另一方面，記憶力和其他能力一樣，是可以經由後天訓練而加強，而嬰幼兒正處於記憶訓練的最佳時期，有次序性和因果概念的玩具更能讓孩子在需要思考的基礎上訓練記憶力。

社會行為發展方面

角色扮演類玩具和團體遊戲可以提供幼兒和玩伴接觸、溝通的機會。他們可以從中學會輪流玩、共同分享、分工合作、表達意見、遷就別人、尊重及幫助別人的品德。從小培養這些合作、互助、團結的精神，有助日後在社會合諧地與人相處的能力。

另一方面，父母與孩子一起玩耍，亦能增強互相的關係，從而改善親子間的溝通。除了為孩子選擇優質和合適的玩具外，父母還需要隨時做出關心與輔導，讓孩子在遊戲過程中，快樂而自然的得到德、智、體、群各方面的發展，讓小孩更容易將心事與父母傾訴。

從以上各方面的發展來看，玩具對嬰幼兒確實有莫大的價值。因此做父母的必須為孩子選擇具備優質多變化條件和適合孩子身心發展的玩具。讓孩子能快樂安心的玩出快樂童年。

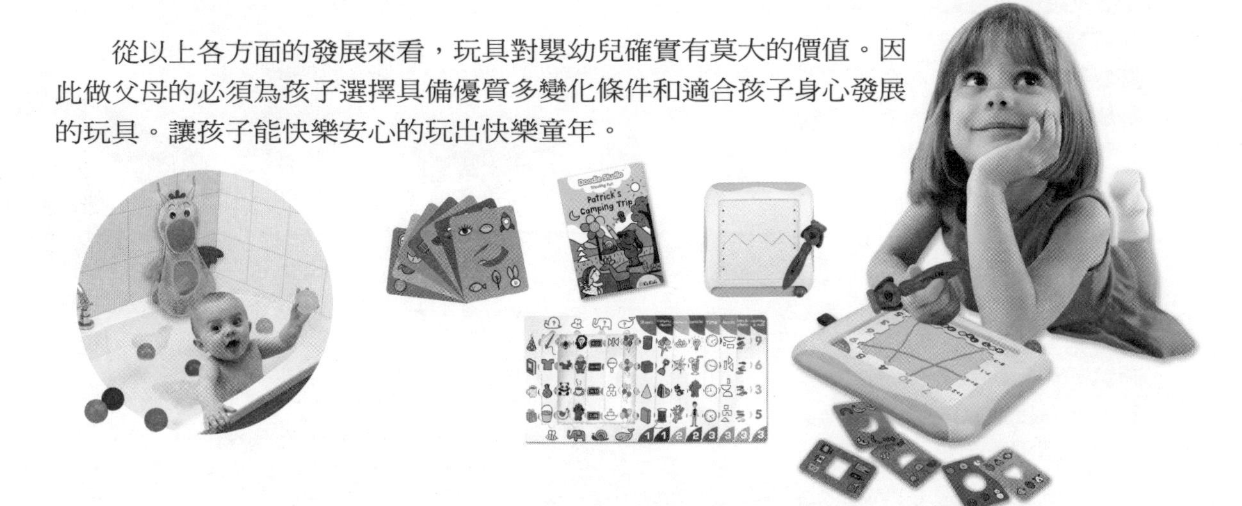

Contents 目錄

玩具對孩子的重要性 02
認識 Training2s 學易樂 05
你不可不知的 K's Kids 奇智奇思 06
K's Kids 學習三角形 07

● 專家篇

玩具與感覺統合的關係 14
大腦發展的重要過程 18
充權父母，陪伴孩子成長 20

● 功能活動篇

《感官發展》 24
肩用安撫豆袋
腿用安撫豆袋(細)
腿用安撫豆袋(大)

《感覺統合發展》 28
感統球
觸覺平衡坐墊
感統隧道

《體能發展》 36
大肌小毛蟲
大肌海洋串
小肌扭扭Emma
串串樂
指肌fun fun杯
左右腦綜合訓練畫板
2合1自理訓練布偶

《社交發展》 58
情緒表達訓練板

《語言發展》 63
故事立方

《口肌發展》 68
b型牙膠
口肌訓練板
口肌訓練蛋糕

《良好飲食習慣》 76
均衡飲食小老師

● 玩具選購與清潔 80

● 寶寶發展評估表 86

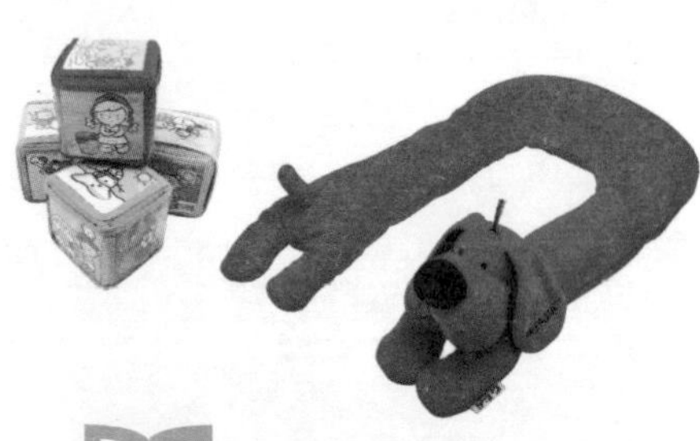

支持環保
此書紙張經無氯漂白及以北歐再生林木纖維製造，
並採用環保油墨印刷

認識 Training2s 學易樂

亞洲地區的父母十分注重孩子的成績及智能發展，卻往往在其他方面的能力，如體能、解決問題、邏輯思維等落後於外國的兒童。其實在幼兒0-6歲時期的全方位發展極其重要，要發展兒童的潛能，必須要在日常生活，特別是透過遊戲中學習才能得以發展。遊戲是兒童的本能，同時也不單是消磨時間的活動，兒童能透過遊戲學習坐立、翻身轉動、爬行、發出聲音、甚至能發展其觸覺、嗅覺、聽覺、視覺、本體覺及前庭平衡覺，而且遊戲能帶給兒童愉快的學習經驗。這些對他們長遠的發展十分重要。

根據調查研究發現，近年來因各種原因，如食物的品質、氣候、電腦科技......等造成幼兒不同程度的學習障礙及發展遲緩，而且數字明顯有上升的趨勢。其中有多個的個案都證實如能在6歲前及早發現並以遊戲方式來加以訓練，愈能減低對日後成長的影響。感覺統合訓練是幫助兒童健康發展有效的方法之一，以遊戲方式為主的訓練對一般兒童在不同方面的發展弱項有正向增強的效果。

「Not Just a Toy不單只是玩具」是K's Kids奇智奇思的品牌精神。 K's Kids奇智奇思一直深信合適的玩具能激發潛能是幫助兒童健康發展的重要工具，有鑑於市場對專業的訓練玩具需求不斷的增長，K's Kids奇智奇思聯合多位兒童教育專家、治療師、專科兒科醫生、幼稚園園長、教師等合作設計 Training2s 學易樂『兒童綜合發展益智玩具』，此系列於2015年推出市場，跟K's Kids奇智奇思一樣，Training2s 學易樂產品採用高品質的物料，安全可靠，可以放心給兒童使用。產品設計是針對性訓練兒童常見的發展弱項，包括感覺統合、身體平衡、大小肌肉、手眼協調、情感表達、邏輯序列及語言表達等，教師或家長可以於課堂及家中跟兒童一起進行訓練和遊戲。

每位孩子都是獨特的，發展各有不同。我們衷心期盼 Training2s 學易樂益智玩具能幫助每位有需求或想均衡發展的孩子，讓他們在體驗 Training2s 學易樂玩具樂趣的同時，能夠健康快樂的長大。

K's Kids奇智奇思
品牌創辦人及首席設計師
黃嘉齡

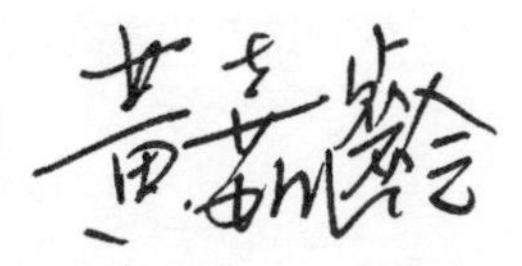

你不可不知的K's Kids奇智奇思

K's Kids奇智奇思系列產品

K's Kids 奇智奇思系列產品專為0至6歲幼兒設計，所有產品均由心理學家和兒童發展專家提供資料，並收集大量父母的意見，採用高質量及安全的物料製作富有教育性及啟發智力的玩具，目的就是為幼兒做最好的玩具。

擁有20年為世界各地著名玩具品牌的生產經驗，第一款K's Kids奇智奇思玩具於1997年誕生。由首年的12款玩具，在18年的時間裡已發展到超過300多款玩具，為幼兒於不同年齡階段提供不同種類及多元化的玩具。K's Kids奇智奇思於中國自設廠房，其高質及嚴謹的生產程序已取得國際ISO9001質量認可，所有K's Kids奇智奇思產品符合並超出於歐美EN-71及ASTM的安全標準，確保容易受傷害的小寶寶不會被劣質的玩具所傷。

全球化的銷售網絡

由於K's Kids產品的獨特設計及優良品質，全系列產品已在全球超過65個國家銷售和享有數百萬計的嬰兒和幼兒使用過K's Kids奇智奇思產品，深受世界各地的幼兒和父母愛戴。

國際大獎的肯定與背書

K's Kids奇智奇思產品現已獲得超過100個國際玩具大獎，獎項來自英國、美國、加拿大、澳洲、俄羅斯、波蘭、南非、馬來西亞等地，獲得業界廣泛的讚賞。其中更包括美國著名父母雜誌的年度最佳玩具大獎、美國玩具權威Dr. Toy的最佳兒童產品獎、英國玩具指引雜誌最佳玩具金牌獎、南非嬰兒玩具協會最佳玩具獎。父母可以放心的讓小寶寶玩K's Kids奇智奇思玩具。

玩具研發概念

K's Kids奇智奇思學習三角形是所有K's Kids奇智奇思產品的設計基礎。從概念到結構，由鈕釦的顏色到鏡子放置的地方，產品所有細節都是依據兒童發展過程中九大元素而精心設計而成。

奇智奇思 K's Kids 學習三角形

每件 K's Kids 奇智奇思啟智玩具都是專為孩子的身、心、靈健康發展而設計的，為了幫助家長們了解 K's Kids 奇智奇思玩具的好處和背後的理念，K's Kids 奇智奇思設計了 Learning Triangle“學習三角形”，並標示在產品包裝上，方便家長閱讀。

學習三角形在三大元素下再細分九個代表不同成長特質的圖像，家長可針對孩子不同的成長階段，為他們挑選最適合的玩具。家長更可透過家長資源網，具體了解玩具背後的教育意義，以及如何充分利用玩具教導孩子。

I. 體能發展

感官

啟發孩子的視覺、聽覺、觸覺、嗅覺及味覺。

小肌肉

鍛鍊孩子手眼協調，小手指以及腳趾活動的細微動作。

大肌肉

讓孩子發展主要肌肉，如手、腿、來訓練孩子踢腳、爬行、步行及跳躍等動作。

II. 智能發展

邏輯智慧

透過設計獨特的玩具，讓孩子認識物體的關係，以及引導孩子嘗試解決問題。

藝術思維

增強孩子對顏色、形狀、形態、比例、透視、音樂或節奏的理解。

語言表達

誘發孩子發聲、加強語言能力及表達能力。

III. 社交發展

情緒

透過玩樂讓孩子正面表達情緒，進而學習控制情緒，並有效地與其他人互動。

溝通

培養孩子擁有良好的溝通技巧，引導孩子如何表達自己的想法。

自我形象

幫助孩子明白自我價值，提升個人自信和擁有成就感。

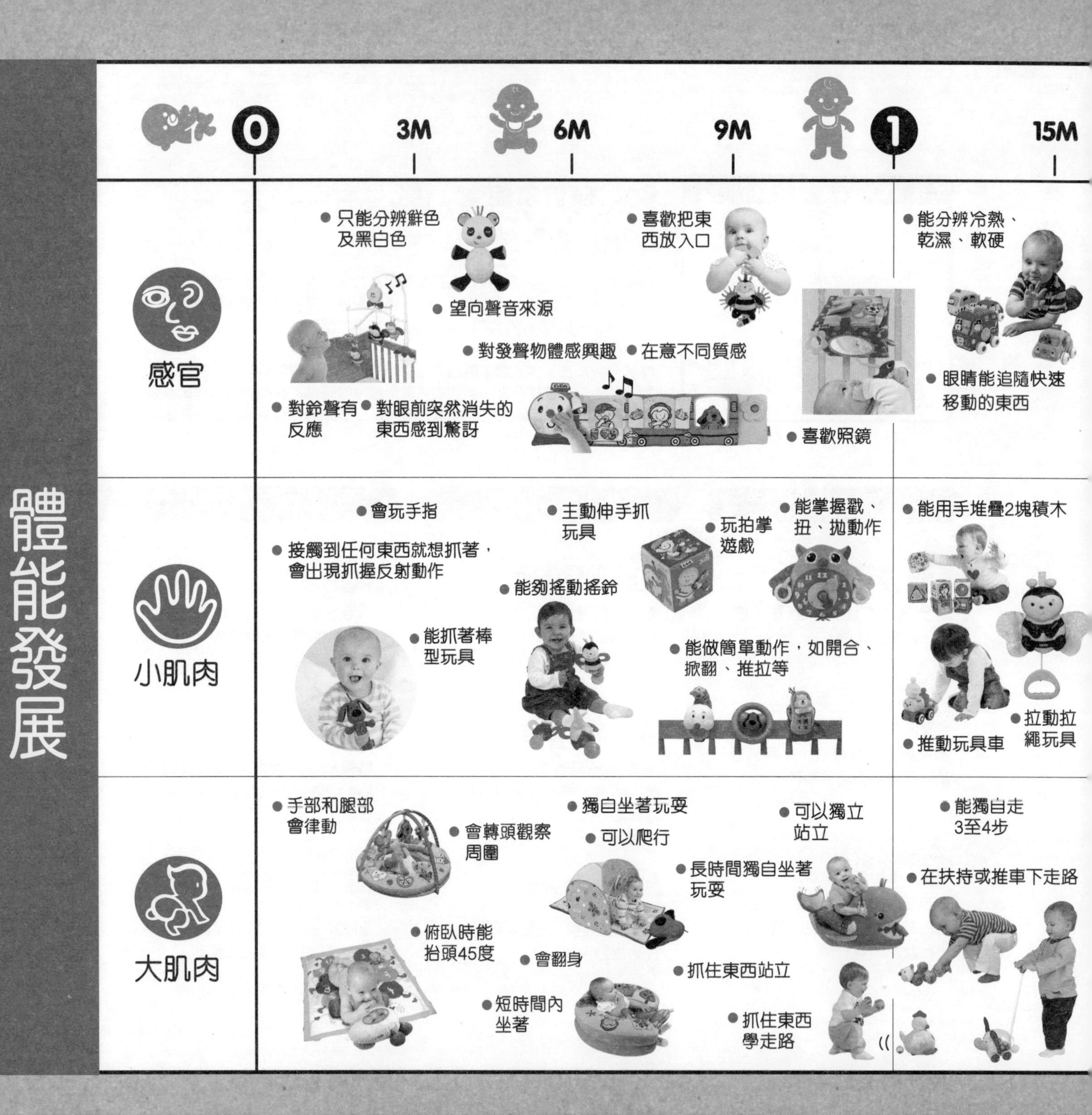

體能發展
0
3M
6M
9M
1
15M
感官
只能分辨鮮色及黑白色
望向聲音來源
對發聲物體感興趣
對鈴聲有反應
對眼前突然消失的東西感到驚訝
喜歡把東西放入口
在意不同質感
喜歡照鏡
能分辨冷熱、乾濕、軟硬
眼睛能追隨快速移動的東西
小肌肉
會玩手指
接觸到任何東西就想抓著，會出現抓握反射動作
能抓著棒型玩具
主動伸手抓玩具
能夠搖動搖鈴
玩拍掌遊戲
能掌握戳、扭、拋動作
能做簡單動作，如開合、掀翻、推拉等
能用手堆疊2塊積木
推動玩具車
拉動拉繩玩具
大肌肉
手部和腿部會律動
會轉頭觀察周圍
俯臥時能抬頭45度
獨自坐著玩耍
可以爬行
會翻身
短時間內坐著
長時間獨自坐著玩耍
可以獨立站立
抓住東西站立
抓住東西學走路
能獨自走3至4步
在扶持或推車下走路

18M 21M 2 27M 30M 33M 3

● 能分辨不同樂器聲音

● 能分辨生活中不同東西的聲音

● 明白節奏感

● 喜歡觸摸發聲東西

● 能分辨銳利的感觸

● 能夠控制吹氣

● 能分辨疲倦、痛楚

● 喜歡按發聲琴鍵

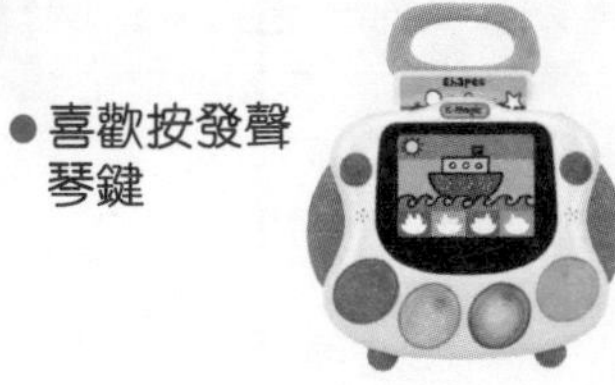

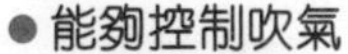

● 能用手堆疊3塊積木 ● 能用手堆疊4塊積木

● 將錢幣放在窄孔內

● 一頁一頁的翻書，做到手眼協調

● 能脫鞋

● 可自己用湯匙

● 能用手堆疊6塊積木

● 綁鞋帶

● 能用手堆疊7至8塊積木

● 操作剪刀

● 能用手堆疊8至9塊積木

●扣鈕扣

● 可以利用積木搭橋

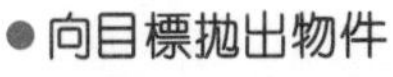

● 能扣上大顆的鈕扣

● 扭開瓶罐蓋

● 協助下能上樓梯 ● 懂得前後擺動

● 能跑短距離

● 能夠踢球

● 能自我協調身體與空間位置，能單腳站立

● 協助下能單腳站立

● 準確的向前踢球

● 向目標拋出物件

● 可用雙腳向前跳

● 可以腳踏三輪車

● 可用雙腳上下樓梯

● 用腳尖走路

智能發展

 0 | 3M |  6M | 9M |  1 | 15M

邏輯智慧

邏輯智慧

- 明白動作會產生聲音
- 理解上下左右概念
- 對紋理及凹凸不平物品有興趣
- 對圓形及滾動物品有興趣

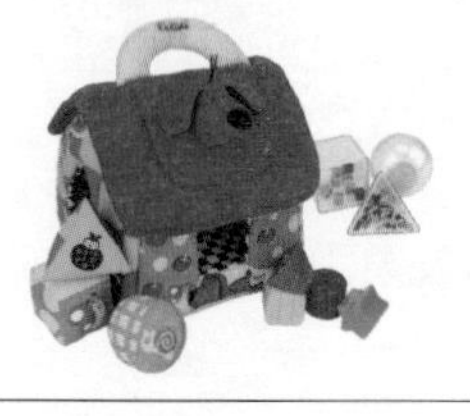

- 能將圓形及方形分類

- 理解大小概念

藝術思維

藝術思維

- 對圖畫產生興趣
- 有顏色概念

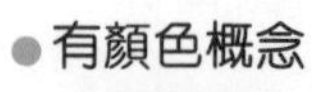

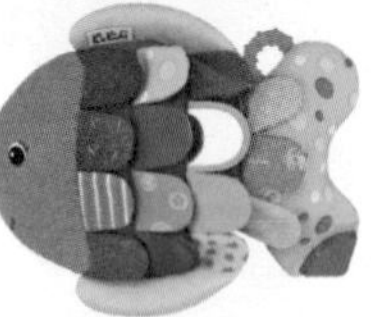

- 開始拿筆塗鴉
- 有特定顏色的偏好

語言表達

語言表達

- 只能發出哭聲
- 牙牙學語
- 以哭泣吸引成人注意
- 會刻意發出單音自娛
- 明白"不"的含意
- 知道自己的名字
- 逐漸能叫出爸爸媽媽

- 模仿成人2至3個音節的發音
- 能理解完整句子
- 能說5至6個詞彙

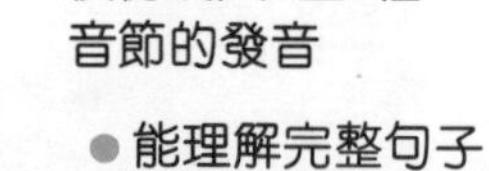

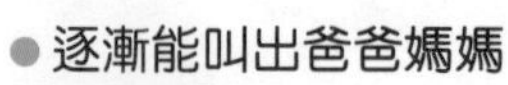

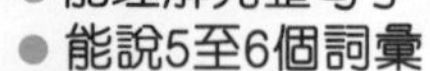

18M 21M 2 27M 30M 33M 3

● 辨別及分析書本內容

● 理解因果關係

● 理解裡外概念

● 對拼圖感興趣

● 有多與少的概念

● 能將圓形、方形及三角形分類

● 能比較物件大小

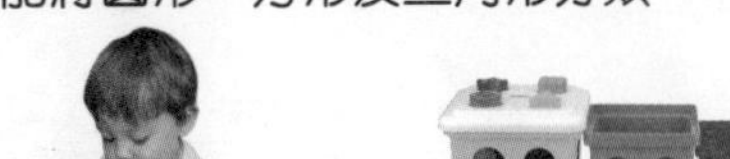

● 能將三個以上形狀分類，並說出名稱

● 有數量的概念

● 會隨音樂節奏擺動身體

● 能模仿畫出圓圈

● 能模仿畫出橫線

● 能模仿畫出直線

● 自行畫出直線

● 可模仿畫出四方形

● 懂得填色

● 可分辨4種或以上顏色

● 能唱一首完整的歌

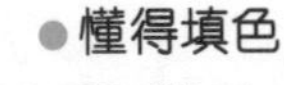

● 可分辨2種或以上顏色

● 將一件物件想像成另一件物件 (椅作車、圓柱作槍)

● 可以畫圈

● 有自己喜歡的顏色

● 用單字溝通

● 與洋娃娃對話

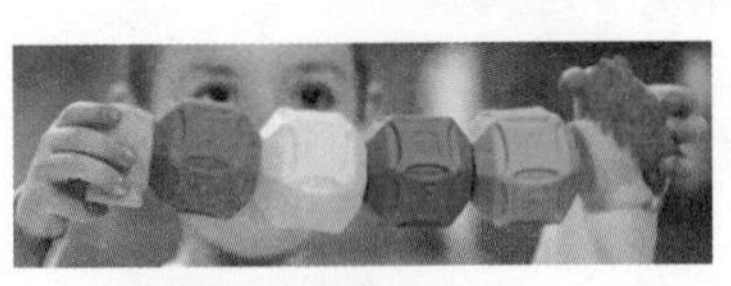

● 能開始說更多字詞、名詞和動詞

● 看圖說出名稱

● 能以動詞或名詞、短句表達自己

● 說出自己的名字

● 能與人打招呼、說再見

● 懂得接電話

● 經常問為什麼

● 懂得形容詞

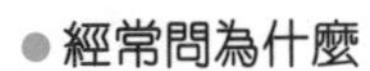

● 可理解約200個詞彙

● 能以人物、地點、動作組合說出句子

0 3M 6M 9M 1 15M

18M  21M  2 27M  30M 33M   3

- 不如意時會發脾氣
- 喜歡別人的稱讚
- 愛扔東西

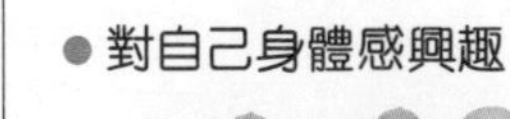

- 會與人爭搶物品及玩具
- 有記憶力與想像力

- 對自己身體感興趣

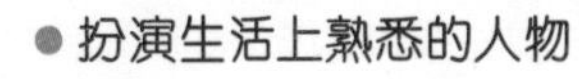

- 叛逆
- 容易妒忌

- 扮演生活上熟悉的人物
- 聽到悲傷的故事會哭
- 能主動與熟悉的人打招呼

- 能於要求下揮手
- 懂得用擁抱及親吻來示好
- 指出身體部位

- 在成人引導下開始參與群體遊戲
- 對同齡者觀察及嘗試溝通
- 接受指令做事，如去洗手間、吃餅乾

- 明白規則

- 懂得分享

- 知道如何關門
- 能區分屬於自己的物品
- 可自己持杯飲水

- 愛與洋娃娃玩角色扮演
- 喜歡聽故事

- 會綁鞋帶
- 扣衣鈕
- 自行刷牙
- 知道如何接電話

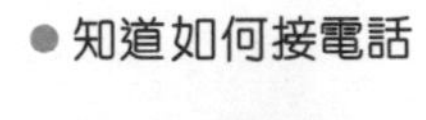

- 能專注持續玩20至30分鐘
- 能說出圖片中物品名稱
- 能唱一首完整的歌

玩具與感覺統合的關係

高麗芷（美國職能治療碩士、國立臺灣大學職能治療學系講師）

玩具是嬰幼兒感覺統合發展的催化劑

認識各類感覺的運作與功能

若要建立孩子良好的學習、情緒及行為等能力，就要追本溯源，先瞭解各種感覺神經通路的運作與功能。

- 觸覺：藉包覆在身體外表皮膚上豐富的觸覺細胞，來接收溫度、溼度、壓力、痛癢及物體質感等刺激；辨識的任務則交由腦部頂葉的觸覺中樞負責。
- 前庭平衡覺：利用內耳的三個半規管與耳石，來偵測地心引力；引發腦部額葉運動中樞，調整頭部在空間的位置，以對抗地心引力，保持身體的平衡。
- 動覺：當個體的骨骼肌收縮或伸張、關節彎曲或伸直、關節面拉大或壓縮時，透過肌腱、韌帶及關節面周圍的動覺神經接收器，瞭解身軀與肢體的靜態位置或動態姿勢。
- 聽覺：音波傳入耳道，震動耳膜，將訊息送入耳蝸，轉換成神經電波，由腦部顳葉的聽知覺中樞判讀訊息。
- 視覺：光線穿透角膜，將影像投射到網膜，將影像傳入後腦枕葉的視知覺中樞作判讀。

嬰幼兒正值腦可塑性的第一黃金期

二十一世紀已進入揭開大腦奧祕的加速期，研究證實腦的可塑性終其一生都有。然而以嬰幼兒期為最高，父母與幼教老師千萬要好好把握。

人體有三萬五千個基因，基因猶如樞紐，掌控著大腦未來發展的藍圖。但是啟動樞紐的，是環境中適當的刺激。只要孩子的基因正常，便有潛力作出符合年齡的動作與行為反應，但是仍需適當的環境當觸媒，來將行為真正表現出來。而且，當孩子一再反覆演練這些動作與行為時，又反過來修正大腦原本的神經迴路（如同電腦的程式），讓大腦的效能更上一層樓。

先天的基因與後天的環境交互作用，帶動腦的發展。新生兒的大腦有十兆個神經細胞，當細胞彼此透過突觸與樹狀突連接起來，形成複雜的網絡，腦的功能就大大提昇了。正子放射式斷層攝影（PET）證實，嬰兒出生後所處環境的刺激，的確改變了他的大腦神經迴路。反之，研究也發現，患產後憂鬱症的母親，若親自養育嬰兒，給孩子的感覺刺激非常貧乏，這類孩子一歲時，PET顯示其腦部發展與一般孩子有明顯落差。

善用玩具促進嬰幼兒感覺統合發展

嬰兒出生後，讓孩子接觸多元感覺刺激，使大腦獲得完整的啟發，奠定全人發展的基石，對其日後的成就，有莫大幫助。

1.觸覺：新生兒的腦部觸覺中樞尚未分化，故無法分辨身體何處被觸摸。父母經常擁抱、撫摸、按摩、親吻孩子，以及孩子自己主動的碰觸玩具、摸索環境、吸吮及輕咬手指與腳趾，使感覺皮質區逐漸成熟。腦部繪出身體各部位的清晰地圖，指尖辨識能力就靈敏了。

2.聽覺：嬰兒出生時，就具備一聽到聲音，頭就會轉向聲源的能力，將聽覺與視覺的訊息統合起來。當孩子搞清楚，聲響是由何物發出、周遭人說話的意涵時，也代表他正逐步增長聽知覺的智慧。

3.視覺：0至3歲是視力及視知覺發展的關鍵期。色彩鮮豔、不同造型的玩具，吸引孩子注視。滾動中的球、被拋擲在空中飛躍的球，都能燃起孩子視覺追蹤的欲望，提供眼內睫狀肌靈活協調的機會，培養眼球的靈活，同時促進視力的發展。將玩具拼合、組裝起來，可建立視知覺的智慧。

4.動覺：嬰幼兒正值動作發展的高峰期，提供玩具及遊戲設備，讓孩子雙手多多操作，演練精細動作的協調；腿部常常運動，操練粗動作的技巧。

5.前庭覺：古今中外的嬰兒，都喜歡躺在搖籃或父母的懷抱中安穩地入睡。清醒時，嬰幼兒酷愛騎坐搖木馬、溜滑梯、盪秋千、坐旋轉地球等遊戲設備。緩和的前庭刺激，幫助孩子情緒平靜；強烈的前庭刺激，幫助孩子建立正常的肌肉張力，對體態的堅挺、學習時的專注都有助益。

感覺統合功能影響深遠

感覺統合形成習慣：當嬰幼兒的感覺統合功能健全，必然耳聰目明、機警靈巧。在生活中及玩玩具的遊戲中，他就能經常獲得成功的經驗，形成凡事興致勃勃、喜歡參與的習慣。反之，如果孩子的感覺統合功能失調，對周遭訊息感應遲鈍、動作笨拙，就時常體驗失敗、感到挫折，於是形成凡事退縮、拒絕參與的慣性。

習慣塑造個性：凡事有興趣、喜歡參與的孩子，久而久之塑造出主動、積極、樂觀、自信的個性。而凡事退縮、拒絕參與的孩子，則逐漸塑造出被動、消極、悲觀、自卑的個性。

個性決定未來命運：具備主動、積極、樂觀、自信個性的孩子，容易匯聚人氣，得到更多的資源與援助，未來的命運充滿陽光、希望與機會。個性被動、消極、悲觀、自卑的孩子，別人對他是敬鬼神而遠之，則資源與援助遠離，未來的命運充斥晦暗、絕望與憂鬱。

腦研究驗證感覺統合療效

玩具可以滿足資優兒不停想觀察、探索、實驗、創新的欲望。對於一般孩子，玩具可以促使發展更順利、內心感到充實。至於感覺統合失調的孩子，如：早產兒、過動兒、學障兒、智障兒、自閉兒、腦性麻痺兒、弱視兒、聽障兒、發展遲緩兒等，他們多數有觸覺依賴、觸覺遲鈍、觸覺防禦、聽知覺失調、視知覺失調、前庭調適功能不足、動作計畫困難等問題。

腦科學研究已經證實，如果訓練盲人用右手指尖觸摸來辨識點字，由於右手觸覺的訊息傳入左腦，確實可使左腦觸覺中樞區塊增大。對於先天盲人或幼年失明者，枕葉掌管視知覺辨識的主要視覺區，因缺乏視覺訊息的刺激，荒蕪如胎兒。但是經過密集使用手指閱讀點字訓練後，視知覺中樞居然活化起來，進行分擔工作負荷過重的觸覺皮質區之任務，轉而負責起處理觸覺訊息的任務。

腦科學研究支持感覺統合學說，不同感覺管道的神經可塑性是出人意表的，不同感覺管道的功能還可以相互替代，可因環境的需求，而調整原有的功能，重作分配。

善用玩具幫助感覺統合失調的孩子

感覺統合失調的孩子缺乏自信，養成退縮、逃避的性格，不像一般孩子會主動玩玩具。通常父母不知如何教育這類孩子，許多人消極的將孩子放在電視機前打發時間。

其實，看電視只是一種被動的活動，相較之下，玩玩具是孩子主動參與的活動，唯有主動的動腦、動手之學習，才能形成神經的連接，對腦功能提昇有幫助。

父母和幼教老師需學習善用玩具，引導孩子多多觀察、觸摸、操作、組合、拋擲、踢……。

- 觸覺：豐富的觸覺刺激，讓腦部分泌血清素（此為一種腦部神經傳導物質，幫助腦的運作），進而加速生長激素的分泌，促進孩子的身體及頭圍成長。尤其對感覺統合失調的孩子，觸感柔軟的玩偶，幫助他原本不安的神經，逐漸鬆弛下來，安然入睡。所以，觸覺刺激的提供，應該居各種感覺的首位。
- 聽覺：嬰兒剛出生時是個近視，因此在十個月大以前，對環境的認識，依賴聽覺訊息超過視覺。身心障礙兒當中，不少人在感冒時容易感染中耳炎，大人更要時時注意孩子的聽覺反應，在聽覺障礙發生的第一時間發覺，並及時治療。父母可隨手利用會發聲的玩具，引起孩子聽覺的注意。
- 視覺：嬰兒的視力及視知覺，在出生後才開始發展，所以孩子清醒時，不要讓他只是面對蒼白、單調的天花板。用色彩鮮豔、造形擬人化的動物臉，吸引嬰兒的目光。然後再進一步，讓孩子嘗試將玩具拆解、拼合，幫助視知覺一步一步的發展。
- 動覺：色彩鮮豔的玩具，吸引嬰幼兒把玩；豐富的觸感，激發孩子不斷撫弄，在在誘使他進入精細動作操作的領域。研究證實，觸覺的敏銳與精細動作的靈巧，兩者間有相輔相成之效。透過雙手的皮膚以及肌肉關節，將觸覺與動覺，分別輸入左右腦，並促進兩個腦交換資訊。對建立身體雙側協調統合及身體形象概念，有極大的幫助。

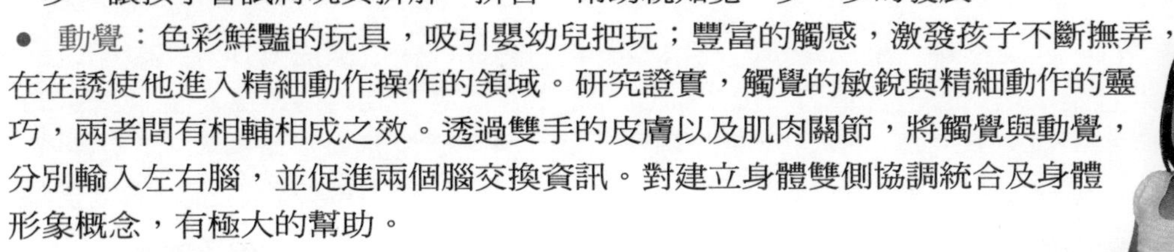

大腦發展的重要過程

陳文德（幼兒教育工作者）

感覺統合不佳，左右腦的成長也會遭到挫折。左右腦運作混亂，學習能力勢必陷入困難中。

幼兒七個月到十八個月大期間，大腦右半球的語言區和運動企劃區逐漸發展成熟，早年的感覺通路和感覺運動，逐漸發展出知覺運動能力，幼兒的自發性學習也大幅增加了。

這段期間，幼兒頸部後方的前庭神經核的功能逐漸成熟，前庭覺在前庭平衡的促動下，快速成長。本體覺也在觸覺、大小肌肉及關節的協調下，發展更成熟，幼兒身體的運作也更為靈活了。

大腦語言區的成長

嬰幼兒透過耳朵輸入語言的音符，大腦的聽覺區會辨識聲音型態，並操作發音器官一唇、舌、聲帶、鼻道，從錯誤中自我修正，從為期一年的牙牙學語中，逐漸發展到能發出較清晰明確的語言。除了用耳朵聽，語言也需要視覺，對方的表情、手勢、肢體動作，以至於語調、聲量大小，有時比語言本身更具有溝通能力。

運動企劃主導學習能力

人類在進行一件工作時，會先觀察自己和環境間的關係，在依照需要逐步完成，這就是所謂的運動企劃。幼兒的語言學習，重於溝通，而不在思考。幼兒從不去記憶他講過的話，需要怎麼講，他便怎麼講，不受思考的侷限。幼兒語言學習能力遠超過大人，主要的秘訣也在於此。運動企劃會影響嬰幼兒對環境的認知，使自己和環境得以進行更積極主動的協調，也就是所謂的知覺運動。

人類感覺學習發展的過程主要有五個階段：

第一階段：建立感覺通路
第二階段：建立感覺動作
第三階段：建立身體形象
第四階段：建立知覺運動
第五階段：建立認知學習

這些過程的順利進行，有賴於大肌肉的健全成長，所以平衡感的好壞，扮演著決定性的影響。特別是前庭訊息及平衡感協調而成的前庭平衡能力，會直接干擾運動企劃及語言能力的健全發展。

前庭覺及其功能

前庭覺是影響嬰幼兒成長，和學習發展最重要的一種能力。前庭是臉的正前方，傳達視、聽、嗅、味等訊息，由於前庭神經核是大腦訊息的守門器官，身體任何訊息進入大腦，必經前庭神經核過濾，加上又要處理前庭訊息，所以是大腦功能最為重要的守護神，通常稱為前庭體系。由於前庭平衡的關係，前庭覺的成熟與否和平衡感關係密切。平衡感不良，造成身體操作的不穩定，會形成好動不安的現象。一般而言，多動或過動的孩子，前庭覺的發展普遍不佳。所以前庭覺不良，語言能力的發展必遭到障礙。

左右腦均衡發展

孩子從十八個月到三十六個月之間，左右腦的功能逐漸發展成熟。人類前葉腦的右腦功能區，專門負責觀察、想像及創新。左腦的功能為組織、理解、推論、邏輯，也就是所謂的認知發展，它是感覺經驗的整合，感覺學習充分的孩子，左腦思考力也比較成熟。幼兒由於右腦發達，注意力容易被引動，所以十八個月以後的左腦教育也非常重要。左右腦交替成長是個自然現象，應讓它們相輔相成、均衡發展，才能發揮想像和創造力。

孩子是真實的，親子教育不是理論，「不談應該如何？」而是要真實面對他的需要及個別性，瞭解您的孩子，也讓孩子瞭解他自己，瞭解他的性向、脾氣、特色及格別的困難，用耐心協助他解決困難，才能幫助孩子真正地的成長。

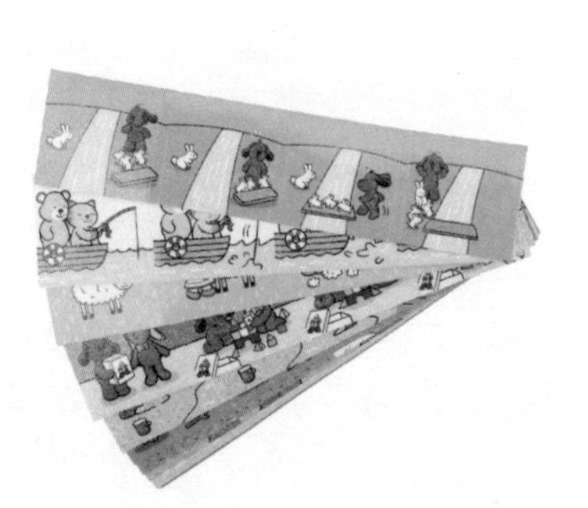

充權父母，陪伴孩子成長

吳宜燁（臺灣兒童職能治療師）

『孩子在成長的過程之中，需要三股力量---家庭、教育、以及相關的專業，這三股力量是相互合作而且均衡的。』
『在我們再陪伴每個孩子成長的過程之中，我們遇到最嚴重的問題就是父母並沒有養育孩子的自信。』
身為投身在基層醫療的兒童職能治療師，陪伴家庭及孩子成長的過程中，充權家庭是我們的第一哩路，也是最後一哩路。

我很喜歡用這樣的一個故事來開始

庭庭是一個就讀於國小三年級的女孩，人見人看、也十分有禮貌，當庭庭來求助我們的當下，我們並無法推論為什麼這樣一個孩子需要協助。是成績不好嗎?情緒不好嗎?注意力差嗎?還是...，這樣的貼標籤的過程無疑的就是臨床工作的第一步。然而，庭庭並不符合這些普遍的猜想，庭庭的母親在雙薪家庭的生活方式之下，十分注重自已能與孩子相處的時間，會帶著庭庭來求診是因為「她覺得庭庭怪怪的」。有了幾次的晤談，我們從媽媽提供的資訊中約略的發現一些情況。

首先，雖然庭庭品學兼優，但是卻在三年級應該發展較為深層的人際關係時，沒有辦法建立姊妹淘的朋友模式。班上沒有人討厭她，但是庭庭卻老是一個人坐在教室中渡過下課時間。再者，庭庭的母親指出，庭庭沒有辦法在不扶扶手的狀況之下下樓梯。從庭庭很小的時候，家裡的大人就不准庭庭在地上爬，所以延誤了孩子的動作發展。
依照這樣的資訊，我們可以猜想孩子的困難可能來自於動作的能力跟不上環境要求、以及無法回應團體生活的需要，所以導致在正常健康的孩子身上出現這些母親所謂的怪怪的地方。此時，或許已經有許多人想要大肆撻伐庭庭的家人不應該在庭庭年幼的時候力行嬰兒不落地的政策。

然而，這樣的論點以及將育兒標準化的方式，無疑的是將我們對家庭應該提供的幫助變成指責。醫療的專業是一種祝福，我們必須相信每一個家庭在能力所及的部分為孩子提供最適當的資源。而當這樣的狀態失衡時，醫療的專業就是用來增加家庭支持的後盾。

對於庭庭來說，醫療就是這樣的支持。因為，庭庭的家是『鐵工廠』。

而當我們了解家庭的現況、孩子自身的期待、以及母親的想法後，我們才能提供適當的協助。雖然母親覺得庭庭是因為沒有爬行才有這樣的影響，但庭庭自己認為是因為她每次寫字都很慢才無法下課，反觀庭庭的父親卻認為女孩子文文靜靜的很好，因為爸爸完全不希望他在處理材料時有人在旁邊蹦蹦跳跳。

這樣的案例其實並不少見，與庭庭不同的是大多數的家庭會在孩子年幼時就開始尋求幫助，但不諱言的『家庭充權』並不是大家所熟悉的選項。通常我們會犧牲一個家庭成員的時間以及生活平衡，帶著孩子東奔西跑的逛醫院。雖然我們會用盡渾身解數的為孩子提供適當的幫助，但在現行的體制之下孩子能有機會接觸醫療相關資源的時間平均約佔總體時間的2%，如果剩下的98%的家庭時間沒有延續介入，或是在沒有足夠的溝通之下，我們無法適當的提供在家庭中可用的介入。當家庭無法經由相關的兒童發展專業獲得充權，我們就可以很直觀的預期我們失去幫助家庭以及陪伴孩子成長的能力。

我曾經用過許多型式提供專業的支持，希望能幫助家庭獲得養育孩子的自信。因為我認為庭庭這類的孩子是因為「發展需求」所以需要協助，這樣的孩子所需要的是讓家庭獲得相關的資源，由家庭作為育兒的過程中的主角。而「醫療需求」的孩子們就可以在現行的醫療體系之中獲得足夠的資源，不會因為資源必須做分配而受到排擠。而身為醫療人員，我們希望以這樣的方式讓需要我們的孩子以最適合的方式成長，而在進行專業暴露的過程之中，我嘗試過網路資源、諮詢服務、活動建議，甚至嘗試過較為陌生的教材編撰。但在七年的時間裡，多方的嘗試還是必須接受方式的失敗。

在這樣的過程中，我們已經建立太多的專家、太多的說法，過多的資訊充斥讓家長更無法獲得育兒的自信。過去努力的結果只是讓更多家長想將育兒的權力給我們，即使我們努力了這麼久的時間，當我們聽見『治療師，您在哪裡上班，我帶孩子過去找您』，我們可以確定我們在充權家庭的過程並沒有做好。

很幸運的，在最近我接觸到自造者的運動，這群人樂於分享跟連結。所以，我開始分享我們在臨床工作之中會自行製作的一些小工具或是輔具，因為這些方式具體而且非常的直觀簡單，所以令我十分驚奇的是我得到許多正向回饋。其中，最令我興奮的是家長願意嘗試這樣的方式，利用自己可以製作的小工具自己教導孩子、自己陪伴孩子學習生活中的活動。仔細的回想，遊戲、玩具、日常生活本來就比文字更容易引導家庭獲得自信。

所以，現在我所努力的目標是利用具體的遊戲或是玩具，甚至與家庭分享時間規劃或是空間切割，來讓父母了解當家庭與孩子有相互影響以及相互調整的能力，配合上孩子相關發展的需求以及家中成員的生命脈動，我們才能真實的將醫療視為祝福。

兒童職能治療師的養成及進修，在近幾年與時俱進已經將『以家庭為中心的思考模式』鑲嵌在臨床工作之中。面對孩子也面對家庭，同時更連結於教育。我們長期在儒家思考的浸濡之下，我們淺意識的認為努力一定會成功。再加上對於孩子的愛沒有適當的壓力舒緩出口，家庭常將孩子要面對的困難是為父母的責任。如此非理性的循環，家長很容易犧牲自己的健康、無視家庭的需求，努力的跑醫院、爭取資源，卻無力將對孩子最重要的家庭時間加以規劃。

在此，我必須強調『孩子是一個獨立的生命』，而孩子的醫療診斷或是發展需求並不是父母的原罪。我們曾經看過先天缺陷卻生活精采的孩子，也見過四肢健全卻無法好好享受生命的例子，而職能治療以及家庭的合作就是為了讓孩子以及家庭可以正向增益、相互成長而存在。當我拿著玩具與孩子遊戲時，我更希望與孩子遊戲的是家長。當我建立治療室的規範時，我更期望家長能運用這樣的方式建立孩子在家中的生活常規。我們必須擺脫『都是因為...，所以孩子才會....』的想法，真實陪伴孩子的成長。因為，就如同我在一開始所引述的『孩子在成長的過程之中，需要三股力量---家庭、教育、以及相關的專業，這三股力量是相互合作而且均衡的。』所以，假設您是庭庭的父母，當有人說「不會爬，那回家多爬」時，請找回您的權利。

我們希望在實現家庭充權的過程之中，可以像是現在很多的美妝節目一樣，大家在接受到相關的資訊後會在依照自己的膚質及生活作息調整。當我們提供專一的相關資訊給大家時，大家可以充分的依照自己的情況調整，找出最合適的方式。同時，配合外在的情況也不會一成不變。如果，我們對於看不見內容以及複雜的化學保養品作用都可以這麼有自信的主導。那我們一定也可以利用具體的遊戲、玩具、日常生活活動，來找出孩子及家庭最好的平衡。

醫療專業需要家庭的參與才能發揮，沒有家庭的參與，醫療人員所具備的就只是書本上的教條。而父母必須有別於「熱心的路人」，必須時時吸收對孩子以及家庭有用的資訊。我們在專業暴露的過程之中，和家長一起經營孩子的治療時段是我們的第一哩路，藉由實際的參與可以讓家長獲得自信，並且更能期望在家中我們可以能有活動參與的延續。打破專業人員才能專業介入的迷思，讓家長也能成為專業的實現者。

「養兒沒有100分的方式，但是有多1分的方式」我們努力的為孩子多1分，就可以開啟正向互動。當正向互動開啟後，健康的家庭互動就可以為父母以及孩子帶來更好的成長基礎。當我們剛始了充權家庭的的一哩路，在真實實現陪伴孩子成長的過程之中，讓家庭完全的展現能力就是我們的最後一哩路。

創意活動設計《感官發展》

嬰幼兒的發展裡，感官發展是他們第一個會進入的階段。我們的皮膚是最大的觸覺，這樣正好可以解釋為什麼嬰兒出生時喜歡被抱和被毛巾緊緊的包裹著的感覺。當嬰兒在晚上哭鬧時，家長可以用毛巾包裹著他們、輕輕搖晃他們，這樣可以使嬰兒情緒穩定下來。當幼兒長大時，家長可以利用毛巾、枕頭、甚至是一些有重量的玩偶，放在他們身上，給予他們安全感。有觸覺安全感的孩子，他們的情緒會比較穩定，而且學習的專注力也會比較好，所以要讓孩子有穩定的情緒，他們日後的發展才會平和，學習才會順暢。

Calming Shoulder Pad
肩用安撫豆袋

•提升專注力及集中力

產品尺寸：26(W)x42(H) cm
重量：0.78kgs
主要材質：天鵝絨、100%棉、PP塑膠粒

有些孩子對環境的變化特別敏感，容易受到外界訊息的影響，以至於難以集中精神專注的學習，這可能是因其感覺統合失調所致。家長可以利用一些感覺統合的訓練改善孩子對觸覺、聽覺等感官敏感而導致容易分心的問題。而肩用安撫豆袋是針對改善兒童專注力不足問題而設計的輔助教具。把略有重量的安撫豆袋掛放在孩子的肩上，加強改善孩子本體覺的反應，提升身體的知覺、專注力及集中力，適當的重量能給予他們安全感，以鎮定情緒、減低焦慮和不安的感覺，另附有8包小豆袋可隨時增減本體覺的重量。

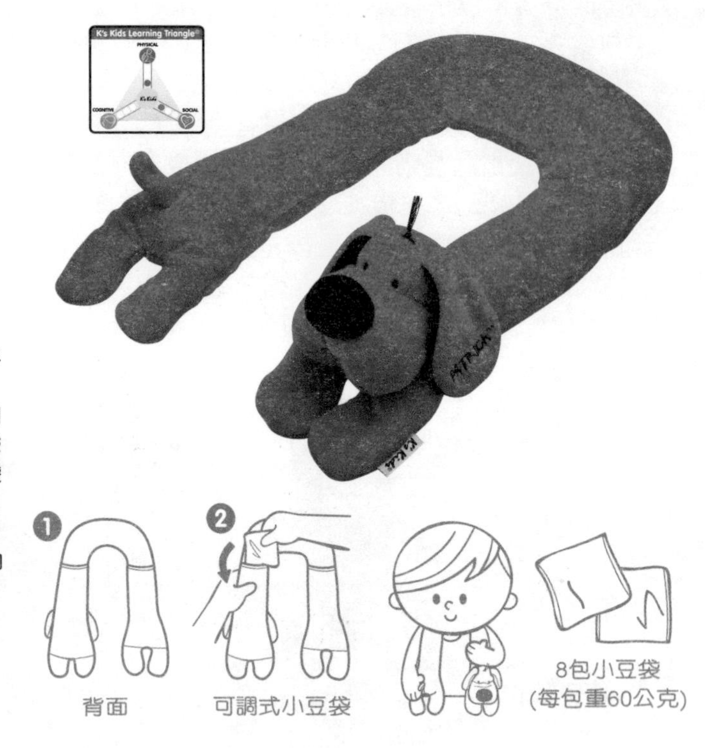

Calming Lap Pad

腿用安撫豆袋(細)(大)

•提升專注力及集中力

產品尺寸：22(W)x60(H) cm / 25(W)x70(H) cm
重量：1.36kgs (細) / 2.27kgs (大)
主要材質：天鵝絨、100%棉、PP塑膠粒

有些孩子對環境的變化特別敏感，容易受到外界訊息的影響，以至於難以集中精神專注的學習，這可能是因其感覺統合失調所致。家長可以利用一些感覺統合的訓練改善孩子對觸覺、聽覺等感官敏感而導致容易分心的問題。而腿用安撫豆袋是針對改善兒童專注力不足問題而設計的輔助教具。把腿用安撫豆袋掛放在孩子雙腿上，加強改善孩子本體覺的反應，提升身體的知覺、專注力及集中力，適當的重量能給予他們安全感，以鎮定情緒、減低焦慮和不安的感覺。

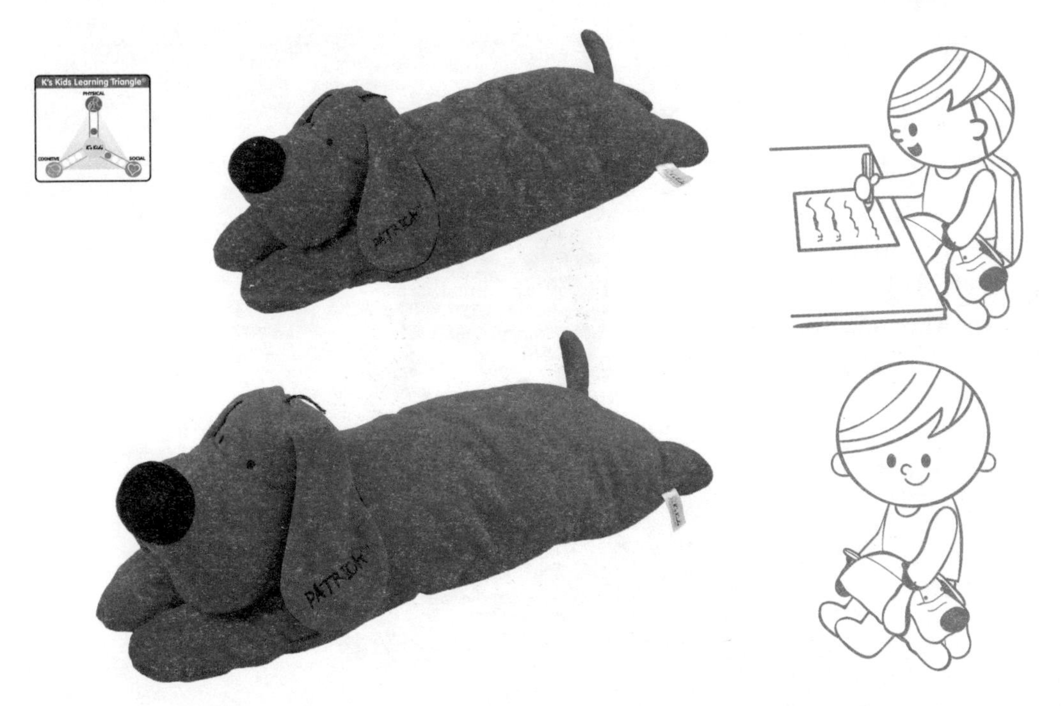

活動一 感覺大不同

◆透過身體體驗重量的差別。

內容：

*1.*大人將安撫豆袋裡的可調式小豆袋先取出，讓孩子套在肩上或放在腿上試試。

*2.*接著再將可調式小豆袋置入，再讓孩子體驗一次。

*3.*說說兩者有什麼不一樣？帶給自己什麼不一樣的感覺？

活動二 揹著娃娃出去玩

◆透過身體承擔安撫豆袋重量並注意前方狀態，刺激孩子本體覺與前庭平衡發展。

內容：

*1.*請孩子四肢著地，將腿用安撫豆袋(大或中皆可)放置在孩子的背上。

*2.*請孩子利用四肢往前爬行，但是不能讓安撫豆袋掉下來。

*3.*大人設計好路線，讓孩子在安全的空間中行進，完成後給予孩子鼓勵。

活動三 你丟我接

◆訓練孩子視覺追蹤與身體敏捷反應。

內容：

*1.*大人和孩子各站一方，中間大約40公分到1 公尺不等的距離。

*2.*大人可以將肩用安撫豆袋拋給孩子，請孩子雙手接住大人拋過來的安撫豆袋。

*3.*可以視情況增減安撫豆袋內的重量。

活動四 安撫豆袋按摩

◆利用安撫豆袋的重量，提供觸覺及身體的重量需求。

內容：

1.請孩子趴在床上或地板上。

2.大人可以利用腿用安撫豆袋(大或中皆可)，放置在孩子的背上，輕輕地來回滾動安撫豆袋，在孩子的肩上按摩。

3.可以視孩子的狀況，更換安撫豆袋，或是在滾動過程中，調整大人施力大小。

活動五 負重訓練

◆透過安撫豆袋的重量，提升孩子的肌肉耐力、專注力及集中力。

內容：

1.讓孩子揹著肩用安撫豆袋行動，遊戲或進行活動時都揹著，讓孩子時時感受安撫豆袋的重量，並且運用全身的力量撐住安撫豆袋。

2.請孩子搬運腿用安撫豆袋，設定起點和終點，讓孩子增加肌肉運動的練習機會。

3.視情況更換大或中的安撫豆袋，若孩子的能力許可，大人也可以自行在安撫豆袋中再增加重量以鎮定情緒、減低焦慮和不安的感覺。

創意活動設計《感覺統合發展》

觸覺是孩子第一個發展階段，他們喜歡父母的觸摸。成長到另一個階段，他們除了喜歡父母的觸摸，也會嘗試去觸摸不同的物品。家長不應該阻礙孩子自己去探索的機會，因為每次他們伸手觸摸一些物品，都會從中學習到一些東西。例如，孩子觸摸到本系列的觸覺感統球，他們會感受到球是凹凸不平的，用力按壓時有刺刺的感覺，觸摸到本系列中的感統隧道，他們會感受到布料是滑滑的，涼涼的。每一次的經驗，都是一個學習。

近年來我們經常聽到關於感覺統合失調的問題。其實這些感覺是包括觸覺、聽覺、視覺、味覺、嗅覺、前庭覺及本體覺。所謂本體覺是當我坐著，我知道自己雙手是彎曲起來的，我知道需要用多少力度去伸手取桌上的球。而前庭覺是跟平衡有極大的關係。如果我們發現孩子的本體覺及前庭覺出現了異常，有時候老師會反應他們很用力地拍打東西，或推撞同學。這是因為他們不能正確地運用自己的關節，不知道自己要用多少的力度。如果我們在早期發展裡，給予孩子自行探索或玩一些訓練感覺統合的玩具，可以減少之後出現問題的機會。我們可以跟孩子打赤腳走在草地上、可以到海灘走在沙上、在家中家長可提供平滑的物品及凹凸不平的東西讓他們站著或坐著，這是非常好的感覺統合體驗，若家長能給孩子不同的觸覺體驗，這對他們的感覺統合發展是極有幫助的。

為什麼感覺統合十分重要呢？我們發現如果孩子在觸感及感覺不能整合，將來可能會有學習專注力不足，或孩子書寫的時候力度太重或太輕的狀況發生，這是因為他們不知道需要用多少力度去握筆，所以愈早給孩子去探索及感受不同的觸覺，對他們將來的發展會有助益的。

Sensory Ball
感統球

•刺激觸覺、鍛鍊手部肌肉

產品尺寸：6cm (直徑)x2顆 / 組
主要材質：PVC塑膠

觸覺比一般人敏感的孩子在感覺訊息的接收和反應方面出現異常，情緒起伏不定，常鬧情緒，需要較長的時間來平復心情。把感統球緊握在手中能刺激孩子的觸感，改善感覺統合失調的問題。此外，運用適當的力度按壓感統球可抒發、鎮定和安撫不安的情緒。還可促進手部抓取能力，透過拋、丟、擲遊戲，適度促進觸覺能力發展，強化小肌肉能力。

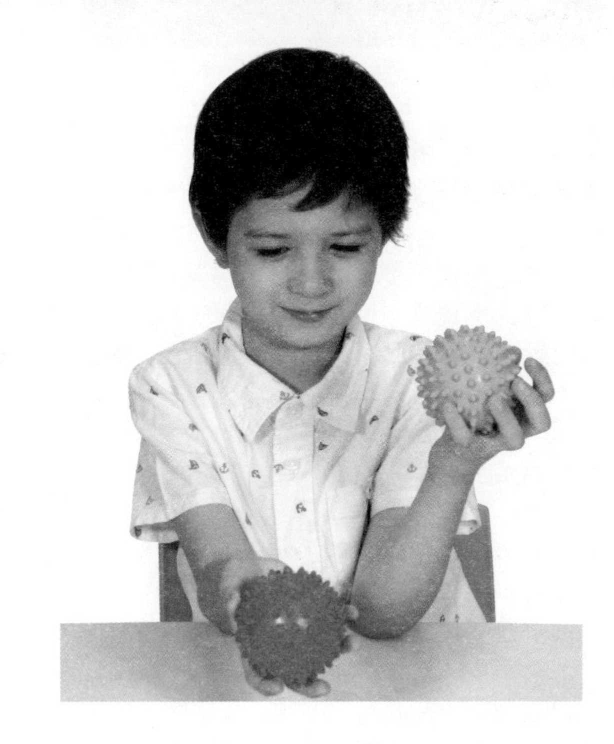

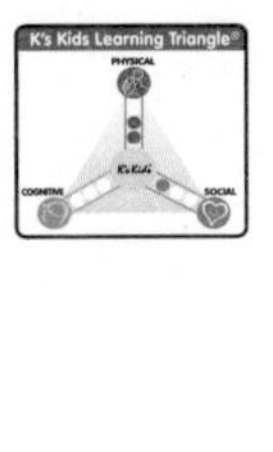

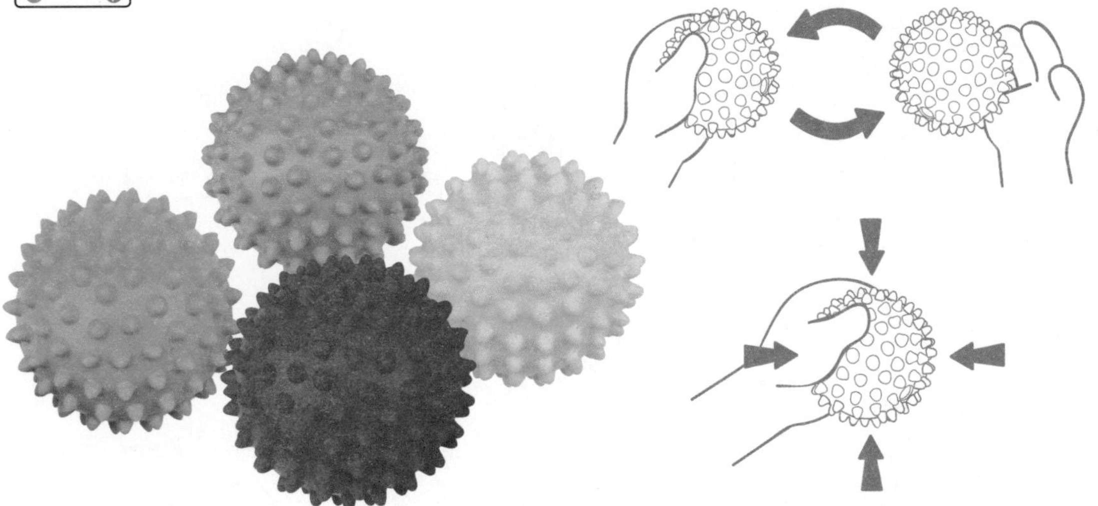

活動一 哪裡不一樣？

◆體驗感統球和一般球的差別。

內容：

*1.*大人提供孩子平時可接觸到的不同種類的球數顆和感統球。

*2.*鼓勵孩子嘗試，摸摸不同材質（例如：棒球/乒乓球/布球/網球……）和不同形狀的球類。

*3.*說說兩者有什麼不一樣？帶給自己什麼不一樣的感覺？

活動二 感統球按摩

◆提供觸覺經驗的刺激。

內容：

*1.*大人可以利用感統球在孩子的身體上，進行滾動按摩，刺激末梢神經，自主探索。

*2.*也可以引導孩子自己操作。

*3.*孩子自己按不到的部位再由大人協助，例如：背部。

活動三 神秘袋

◆提供觸覺的辨識能力。

內容：

*1.*大人準備一個不透光的小布袋。

*2.*裡面裝入除了感統球之外的幾樣物品，（大小差不多，但材質不同）的東西。

*3.*讓孩子伸手進去摸索，拿出大人指定的物品。

活動四 左右開弓

◆利用感統球沾取顏料，練習手部抓握及雙手的協調運作。

內容：

*1.*準備廣告顏料和紙張，將感統球在顏料中滾動，讓球體表面沾上顏料。

*2.*幫孩子準備好工作背心後，在大紙上，滾動沾上顏料的感統球，顏料不足時，再將球放入顏料中補充，直到孩子創作完成。

*3.*也可以鼓勵孩子雙手同時握住一顆感統球，在大紙上任意的滾動(或點壓)，觀察滾動線條與點壓線條有何不同。

活動五 播種小農夫

◆利用軟硬程度不同的黏土，訓練孩子手掌抓握與力道控制的能力；同時藉由按壓感統球的動作，刺激手部觸覺。

內容：

*1.*準備一塊柔軟的黏土、一塊稍硬的黏土，請孩子先將兩塊黏土壓平(或由大人處理)。

*2.*透過小農夫在土地上播種的情境，引導孩子使用感統球先在柔軟的黏土上按壓出紋路，接著在稍硬的黏土上按壓紋路。

*3.*說說看在兩塊不同的黏土上按壓的感覺。

活動六 搶救刺刺球

◆透過捏、拉、提、勾等解繩動作，訓練孩子手部精細動作與手眼協調能力。

內容：

*1.*將數條橡皮筋以鬆緊不同的程度纏繞在感統球上。

*2.*請孩子將感統球上的橡皮筋取出。(大人可引導：刺刺球被橡皮筋綁起來了，請你幫忙把球從橡皮筋裡救出來)

Balance Cushion

觸覺平衡坐墊

●訓練平衡力、強化肌肉張力、刺激觸覺

產品尺寸：35cm (直徑)
主要材質：PVC塑膠

觸覺平衡坐墊是感覺統合的訓練教具，有助於改善兒童的平衡力和觸覺刺激。孩子可站、坐、趴在平衡坐墊上，氣墊式的充填原理，晃動時能協助雙側平衡，有助強化肌肉的張力，也可以協助坐姿端正。同時，透過刺激足部觸覺，讓孩子感受不同方面的感官刺激以提升感覺訊息調節的能力。不同觸感的凸點設計正面是大凸點，反面是小凸點，雙面都可以訓練平衡感、減低觸覺防禦、減緩躁動情緒的功能。

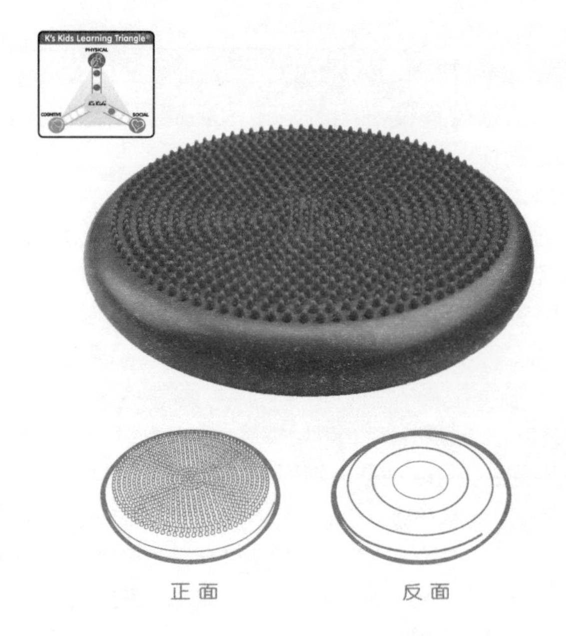

活動一 小船搖啊搖

◆強化孩子前庭覺與肌肉張力發展並且訓練孩子平衡能力及肌肉控制。

內容：

1. 大人坐在平衡坐墊上抱著孩子，讓孩子坐在大人腿上。
2. 剛開始大人雙手環抱孩子，前後左右輕輕搖晃，假裝小船在海上悠閒漂浮。
3. 待孩子漸適應搖晃感，大人慢慢放開手(不須抱住孩子)，加大搖晃的幅度，假扮小船遇到狂風巨浪。

活動二 坐式平衡

◆利用平衡坐墊，訓練孩子的平衡能力及肌肉控制。

內容：

*1.*將平衡坐墊放置在孩子的座椅上。

*2.*當孩子坐著進行活動，例如：吃飯、閱讀或其他活動時，將坐墊放置在屁股底下，孩子必須一邊保持平衡，一邊進行手邊的工作。

活動三 小飛機 飛啊飛

◆增進前庭平衡的刺激與發展。

內容：

*1.*孩子趴在平衡坐墊上，採臥姿，但四肢必須離地。

*2.*孩子需要讓四肢平穩張開，保持不觸地的姿勢。

*3.*大人可以視情況，稍微的轉動孩子的身體，增加平衡的難度。

活動四 腳底步道

◆提供腳底的觸覺刺激。

內容：

*1.*將平衡坐墊放在孩子坐下來之後，腳部的位置。

*2.*讓孩子將腳放置在平衡坐墊上，坐墊上的凸點可以提供腳底的觸覺刺激。

*3.*當孩子習慣後，可以鼓勵他們站在觸覺平衡坐墊上，維持身體平衡，促進前庭平衡覺發展。

*4.*當孩子掌握身體平衡點後，讓他們單腳站在平衡坐墊上，加強訓練 (大人可以在旁協助)。

活動五 平衡接物練習

◆綜合性的平衡及身體協調練習。

內容：

*1.*請孩子站在平衡坐墊上，先掌握維持身體平衡的訣竅。

*2.*大人先試著讓孩子進行接受物品的練習。

*3.*待孩子熟練之後，再變成拋接的練習。

Resistance Tunnel

感統隧道

•加強本體覺、鍛鍊大肌肉

產品尺寸：39(W)x180(L) cm
主要材質：萊卡布

前庭覺有助兒童保持身體平衡、控制四肢活動和身體的姿勢。讓孩子身體貼近地面以手臂和腿的力量，從隧道的入口爬到另一邊出口來加強肌膚的接觸刺激，增強前庭感覺系統。此感統隧道採用萊卡布的伸縮彈性和貼身柔和的舒適性，可以緊貼孩子的肌膚，透過布料和皮膚接觸摩擦，達到減敏效果，同時也可將布面反過來使用，讓孩子在黃色三角形布料中貼身的爬行，刺激全身的觸覺，帶來不同程度的感官刺激。爬行能運動到全身的肌肉，讓孩子透過這樣的訓練使大肌肉和頸部肌肉得以發展，提升動作協調能力，同時也增強本體覺系統的刺激，感統隧道也可以減低兒童觸覺過度敏感。

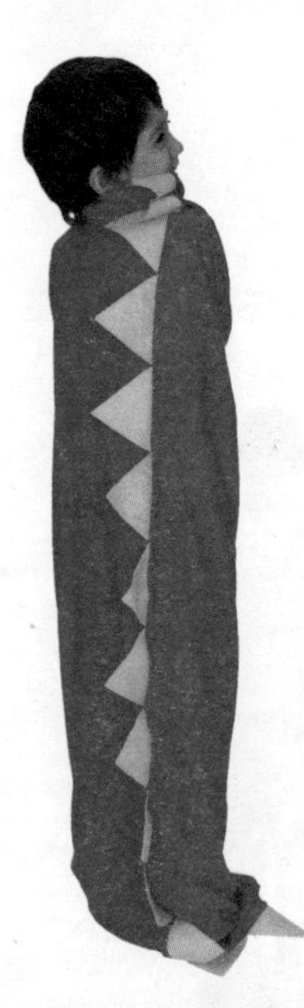

活動一　直立式鑽龍

◆增進觸覺經驗與身體的肌肉協調。

內容：

*1.*孩子站立的姿勢，將感統隧道由下而上的套在幼兒的身上。

*2.*請孩子將感統隧道褪下，讓身體整個露出來。

活動二　猜猜這是什麼身體部位

◆增進對身體部位的認識。

內容：

*1.*請孩子躺著或站著，將感統隧道套在孩子的身上。
*2.*請孩子伸出或突出身體的某一個部位。
*3.*讓大人猜一猜，這是身體的哪一個部位或器官，例如：手掌、膝蓋、屁股……等。
*4.*大人可以先行做過一次示範，讓孩子理解如何運用感統隧道具彈性的萊卡布料材質進行遊戲。

活動三 我是小恐龍

◆透過情境與角色的扮演，增進孩子的身體協調性。

內容：

*1.*利用感統隧道上的黃色三角形布的外觀。
*2.*請孩子將感統隧道套在身上，可露出頭臉和手腳，孩子扮演三角龍，必須將被上的三角拱得愈明顯愈好，然後依據大人的故事情節做出各種動作或反應。

活動四 請你幫我拿……

◆透過爬行加強前庭平衡覺，鍛鍊四肢大肌肉。

內容：

*1.*將感統隧道平放在地上，準備一個籃子，內有一些玩具，把籃子放在感統隧道入口。
*2.*大人可以從隧道的另一頭說：「我想要一隻鴨子(或其他玩具)。」
*3.*請孩子拿著鴨子，由隧道的一頭爬到隧道的另一頭，然後將鴨子交給大人。

活動五 摸黑尋寶

◆透過爬行鍛鍊大肌肉發展，利用有趣的遊戲減緩孩子在密閉空間的不安情緒。

內容：

*1.*將感統隧道平放在地上，在隧道內放置一些小玩具。注意小玩具材質不要有尖銳的邊角。
*2.*初次遊戲時，只需請孩子進入隧道後，每次拿一個小玩具出來，直到全部取出即可過關。
*3.*進階遊戲時，大人在孩子進入隧道前給予指令，找出特定玩具(可給孩子看圖片，找出一樣的物品)，視孩子身體狀況延長或停止遊戲。

創意活動設計《體能發展》

大小肌肉發展是兒童發展很重要的一環。大肌肉發展包括爬行、走路和坐立等。有良好的姿態是幫助孩子將來專心的坐著學習，留心上課及書寫的基礎。

小肌肉的發展是指一些比較細小的肌肉及精細動作。例如孩子是否可以拿起一個小物品，我們發現幼兒可以用手指拿起小物品，到他們長大的時候可以再以較精細的動作將小物品拿起，家長可以將不同顏色及大小的物品放在一起，讓幼兒用小手指把它們拿起來，也可以利用一些積木，讓幼兒疊高或拼接幫助小肌肉發展。

當孩子長大後，很多動作如執筆書寫，用筷子進食和扣鈕扣等都需要依靠精細動作。所以，家長應給孩子多些機會去自己進食、穿衣、扣鈕扣、拉拉鍊和綁鞋帶等生活自理能力，這些將來和各種學習息息相關。另外，孩子如果喜歡學習樂器， 如彈鋼琴或拉小提琴，這全都需要良好的大小肌肉發展。所以家長不要錯過任何一個給孩子去探索及嘗試的機會。給他們試著扣鈕扣或拉拉鍊，家長需要注意小配件的安全，不可以鬆脫出來給他們放進口裡。這是我們陪孩子玩耍及學習的安全首要。

Press n Go Inchworm
大肌小毛蟲

●鍛鍊大小肌肉，增加本體覺

產品尺寸：8(W)x10.5(H)x22(D) cm
主要材質：100%棉、天鵝絨、ABS塑膠

本體覺主要是經由肌肉、關節或骨骼等感覺接受器而來的訊息，對感覺統合最大的功用，是維持肌肉正常的收縮，使關節能夠自由活動，因為動作是促進感覺統合發展最主要的途徑。它可以影響神經系統的興奮狀態，增加本體感覺的輸入，有助於情緒的正常化。而大肌毛毛蟲就是為此而設計的訓練教具。讓孩子用手掌按壓毛毛蟲身體可訓練大肌肉的運用能力。毛毛蟲被按壓後會往前走，此時家長可鼓勵孩子用雙眼跟隨毛毛蟲的移動，再爬向毛毛蟲的方向，以訓練專注力和手眼協調，而爬行動作則可鍛鍊孩子全身的肌肉。

活動一 帶毛毛蟲回家

◆利用物件移動，訓練孩子視覺追蹤；透過拿取物件，訓練孩子手掌抓力。

內容：

*1.*大人按壓毛毛蟲，當毛毛蟲往前時，大人以手引導孩子視線並說：「你看！毛毛蟲出去散步。」

*2.*待毛毛蟲停止移動後，大人再請孩子爬向毛毛蟲，將毛毛蟲取回交給大人。

活動二 誰的速度快

◆透過爬行或步行強化大肌肉發展，感受由他人操作與自己控制教具在起跑時間的差異。

內容：

*1.*由「大人」按壓毛毛蟲，鼓勵孩子和毛毛蟲進行爬行或跑步競賽。

*2.*由「孩子」按壓毛毛蟲，並且和毛毛蟲進行爬行或跑步競賽。

*3.*說一說和毛毛蟲比賽時，由大人操作毛毛蟲和自己操作毛毛蟲感覺有什麼不一樣？

活動三 伸縮運動

◆利用身體一伸一縮的前進運動，訓練孩子肢體控制的協調性與穩定性。

內容：

*1.*先引導孩子觀察按壓毛毛蟲後，毛毛蟲身體一伸一縮的運動情形。

*2.*大人再為孩子示範身體一伸一縮的前進動作。

*3.*大人持續按壓毛毛蟲，僅讓毛毛蟲呈現伸縮動作(控制教具向前跑的速度)，邀請孩子和毛毛蟲一起一伸一縮向前進。(大人邊按邊說：「嘿喲！嘿喲！向前爬~加油！加油！加加油！」)

活動四 請你跟我這樣做

◆透過模仿遊戲，訓練孩子注意力與觀察力。

內容：

*1.*大人轉轉毛毛蟲的頭，邀請孩子跟著毛毛蟲，一起轉轉頭。

*2.*大人控制毛毛蟲前進的速度，一會兒快、一會兒慢、一會兒突然停止，邀請孩子以爬行方式模仿毛毛蟲的前進情形

活動五　毛毛蟲過山洞

◆透過尋找遊戲逐步建立孩子保留概念；利用過山洞遊戲訓練孩子手眼協調並學習操作器具的方式。

內容：

*1.*取一空紙箱(大小能完全遮蓋教具即可)在兩側挖洞，洞的大小以能讓毛毛蟲通過為主。

*2.*在孩子面前，由大人按壓毛毛蟲，讓毛毛蟲穿過洞，停留在紙箱內，問問孩子：「毛毛蟲在哪裡？」請孩子找出毛毛蟲。(若孩子找不到，請掀開紙箱，讓孩子看見毛毛蟲就在紙箱裡)

*3.*毛毛蟲要躲進山洞裡睡覺。請孩子按壓毛毛蟲，練習控制施力方向與力度，讓毛毛蟲順利進山洞。

活動六 毛毛蟲的沙地歷險

◆藉由顆粒狀的路面，讓孩子體驗輪子接觸非平滑面的觸感。同時，透過輪子在沙地形成的軌跡提供孩子有趣的視覺刺激。

內容：

*1.*在一長型紙盒內先鋪上一層彩色廣告紙(紙盒不要太深，以孩子坐著伸手可摸到底部為主)，在廣告紙上平均覆蓋一層薄沙(可用鹽巴代替)。

*2.*將毛毛蟲放進紙盒內，先由大人示範按壓及滾動毛毛蟲，引導孩子觀察毛毛蟲行進的軌跡。

*3.*由孩子自行操作，讓孩子體驗並觀察毛毛蟲在沙地行進的軌跡。

活動七 滾滾畫

◆利用藝術遊戲讓孩子接觸多元的視覺與觸覺刺激。

內容：

*1.*準備紅、黃、藍三色手指膏(或無毒顏料)，在紙盤上擠出顏料。

*2.*引導孩子將毛毛蟲的四個輪子沾上顏料。

*3.*讓孩子在大張白紙上滾出彩色線條。

*4.*請孩子說說，在沙地上和白紙上滾出的線條有什麼不一樣？

Sea Creature Chains

大肌海洋串

• 鍛鍊大小肌肉、訓練邏輯思維

產品尺寸：
星星：5.4(W)x7.2(H)x2.6(D) cmx3個
章魚：6(W)x7.6(H)x6(D) cmx3個
魚：4.2(W)x7.7(H)x4.2(D) cmx3個
鯨魚：5.6(W)x6.5(H)x6.4(D) cmx3個
主要材質：ABS塑膠

鍛鍊小肌肉的活動能提升孩子的本體覺，改善身體協調能力，使動作更靈活和適當的姿勢調節。孩子可透過拼接海洋串來增強大小肌肉的發展，有助穩定控制上肢。孩子需要運用手腕和手指完成擠、壓、握這些接合細部動作，同時，亦可訓練手眼協調和專注力。此外，這個教具能加強孩子的邏輯思維能力，讓他們透過疊高學習到上下空間和序列的概念，更可利用色彩繽紛的海洋串提升孩子的色彩感。

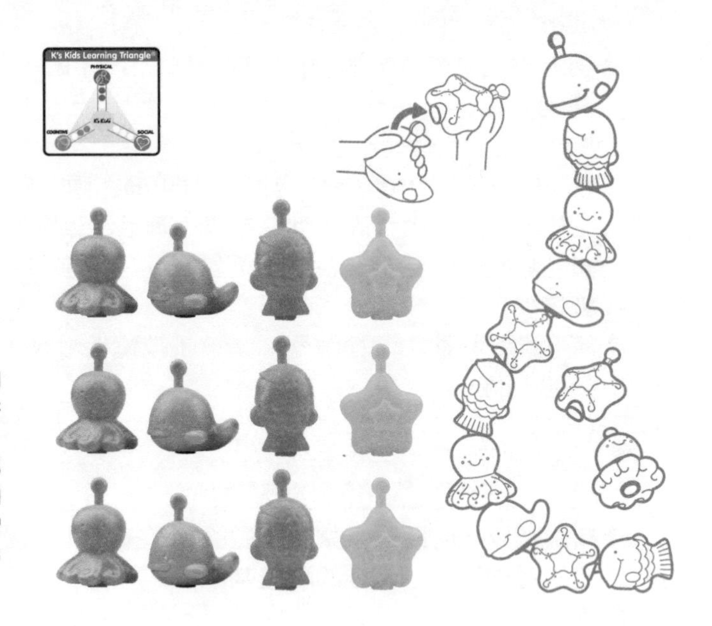

活動一 眼明手快

◆訓練孩子反應、觀察與辨識能力。

內容：

1.大人帶領孩子先觀察並指認每一種海洋串珠。

2.將海洋串珠散放，大人隨意拿一個(如：海星)。

3.請孩子找出相同的海洋串珠。

活動二 拆解高手

◆訓練孩子手部精細動作發展。

內容：

1.將海洋串隨意串起來。可2個一串、3個一串，視孩子年齡、能力增加個數。

2.請孩子將海洋串拆開來，變成單獨一個個海洋串珠。

3.拆開後，可再帶領孩子辨識拆了哪些/幾個海洋串珠?

活動三 組合高手

◆訓練孩子手眼協調與增進幼兒基礎認知。

內容：

1.請孩子將海洋串珠串成一串。

2.家長可視孩子年齡、能力，引導孩子依據指令進行，如：

(1)請把相同顏色的串在一起。(顏色辨識)

(2)請把5個串珠串一起。(數量計數)

(3)請把海星和章魚串珠串在一起。(特徵辨識)

(4)請把2個海星和1個章魚串在一起。(數量+特徵辨識)

(5)請把全部的海洋串珠串起來。(手眼協調)

活動四 海洋小手舞蹈秀

◆培養孩子創意思考以及邏輯觀察能力。

內容：

1.先大人可與孩子一同設定每種串珠的動作。如：

(1)海豚：兩隻手掌握拳併放。

(2)海星：一手握拳在上，另一手手掌打開在下，交疊一起。

(3)魚：雙手手掌併攏。

2.將串珠依(如：AB-AB-AB)規則串接起來，再請孩子依據串珠做出指定動作。

3.當孩子熟練後，也可改由大人做動作，請孩子觀察動作，將海洋串珠正確的串接起來。

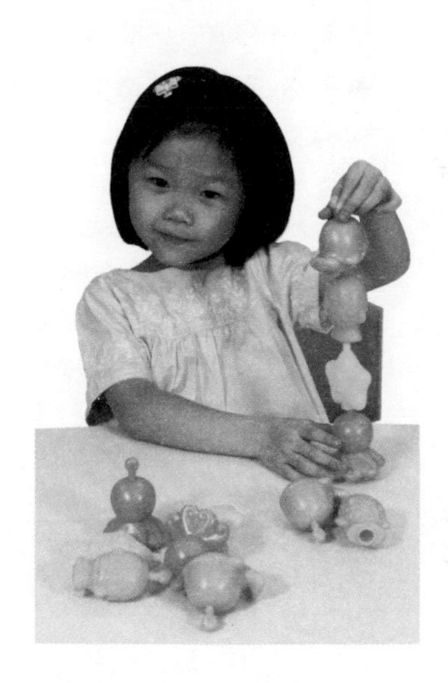

活動五 數一數，排一排

◆提供孩子練習數字與數量配對能力(若改為圖案卡，可培養孩子觀察力) 。

內容：

1.準備1~12的數字卡。

2.請孩子抽出一張數字卡，並按照數字卡，將正確數量的海洋串珠串起來。

3.同樣的活動型式，亦可改成圖案卡(如：章魚+海星)，請孩子依照卡片圖案串接的提示，將正確的海洋串珠圖案串出來。

活動六 敲敲音樂會

◆刺激孩子聽覺發展。

內容：

1.大人與孩子各拿一組(兩個)海洋串珠。(如：章魚+海星)。

2.大人將這兩個串珠互相敲擊，讓孩子聆聽聲音的差異。如： 章魚的底部與海星的尖角或是身體部位敲擊的聲音不盡相同。

3.請孩子自己試著敲敲看。

4.接著大人將這兩個串珠互相敲擊出一個節奏。

5.邀請孩子模仿並敲打出和剛才一樣的聲音與節奏。

活動七 記憶遊戲 : (哪個不見了？)

◆訓練孩子視覺短期記憶。

內容：

1.家長拿出數個海洋串珠擺在桌上。

2.請孩子觀察10秒。

3.請家長拿出一塊布遮住剛才的海洋串珠，並從中取走其中一個。

4.布掀開，請孩子指出少了哪一個海洋串珠？

Wind Up Emma

小肌扭扭Emma

•鍛鍊小肌肉，特別是手指肌肉的靈活性

產品尺寸：母雞Emma 6.7(W)x7(H)x6.7(D) cm
產品包含：1隻母雞Emma+4個發條轉動鈕
主要材質：ABS塑膠

小肌扭扭Emma包含一隻會走路母雞Emma及四個不同功能與形狀的發條轉動鈕。這是針對兒童小手指肌的靈活性及精細動作而設計的。發條轉動鈕1是針對前二指的動作訓練，轉動鈕的尺寸較大，適合剛開始作此訓練的孩子。發條轉動鈕2是針對前三指的動作訓練，這訓練能提升孩子執筆書寫的能力。發條轉動鈕3是針對手腕及手臂的動作訓練，有助孩子掌握提取東西的能力。發條轉動鈕4是針對前三指的精細動作訓練。
孩子選好發條轉動鈕後，把轉動鈕插入母雞Emma的頭中轉動發條，再取下發條轉動鈕讓它走動直到它在遊戲指示圖上停下來。孩子需根據母雞Emma停下來的位置來做動作。然後，依照指示選出轉動鈕及上面指定發條轉的圈數，遊戲就會繼續下去。除了小手指肌肉的訓練外，還可以進行大肌肉和邏輯思維的訓練。小手指肌肉訓練能改善書寫及日常生活的自理能力。

❶ 發條轉動鈕1 前二指的動作訓練

❷ 發條轉動鈕2 前三指的動作訓練

❸ 發條轉動鈕3 手腕及手臂的動作訓練

❹ 發條轉動鈕4 前三指的精細動作訓練

活動一 轉動鈕穿進孔

◆透過穿孔練習，訓練孩子手眼協調及操作器具的穩定性。

內容：

1.大人先示範轉動鈕如何插到母雞Emma頭頂的轉動孔，或者可牽著孩子的手操作一次。

2.鼓勵孩子練習四個轉動鈕都能順利插進孔中。

活動二 色彩轉轉樂

◆利用玩偶轉動的特性，讓孩子觀察旋轉的紋路；也藉由難易不同的轉動鈕，訓練孩子的手部精細動作。

內容：

1.準備紅、黃、藍三色顏料與一大張白紙，讓孩子自由沾取顏料塗抹在母雞Emma玩偶底部。

2.依據轉動鈕操作的難易度排序，由簡單到困難，鼓勵孩子自行轉動插進母雞Emma頭頂的轉動鈕。

3.讓母雞Emma在白紙上轉動，引導孩子觀察紙上的線條變化。

活動三 我會跟著做

◆透過圖示線索，訓練孩子圖像視讀能力。

內容：

1.請孩子先隨機選一個轉動鈕並轉動，將母雞Emma放進圖示盒中，待母雞Emma停請孩子跟著圖片做出動作。

2.再依據剛才選定的圖示選擇轉動鈕並轉動，延續遊戲。

活動四 指定國王

◆藉由圖像訊息，訓練孩子口語表達能力。

內容：

1.由大人直接指定某圖示，請孩子先做出與圖示相同動作，並說一說圖像所傳達的意思。

2.請孩子觀察此圖示要求的轉動鈕和轉動圈數，由孩子選擇出正確轉動鈕並轉動母雞Emma。

活動五 請你跟我一起做

◆透過觀察大人動作找出相對應圖示，訓練孩子敏銳觀察力。

內容：

*1.*大人做出某圖示的動作，請孩子找出來是哪一個，再跟著圖示做出相同動作。

*2.*請孩子觀察此圖示要求的轉動鈕和轉動圈數，由孩子選擇出正確轉動鈕並轉動母雞Emma。

活動六 我說笑嘻嘻，你就笑嘻嘻

◆透過聆聽大人口語訊息尋找相對應圖示，訓練孩子接收性語言能力(即理解他人說的話)。

內容：

*1.*大人用語言表達某圖示的動作，請孩子找出來是哪一個，再跟著圖示做出相同動作。

*2.*請孩子觀察此圖示要求的轉動鈕和轉動圈數，由孩子選擇出正確轉動鈕並轉動母雞Emma。

活動七 最佳幸運王

◆藉由競賽活動提高孩子遊戲動機，並且練習圖像與實物配對能力。

內容：

*1.*由二至四位成員一起遊戲，每人選擇一或兩個轉動鈕。

*2.*每位孩子輪流使用轉動鈕轉動母雞Emma。

*3.*若母雞Emma停下來的位置其顯示的轉動鈕圖示與母雞Emma頭頂正在使用的轉動鈕相同，且孩子能做出圖示要求的動作，即得分。

*4.*遊戲進行二到三輪，最後請孩子統計誰的得分最高，即可獲得本次最佳幸運王。

活動八 矇眼金手指

◆利用手感觸摸遊戲，訓練孩子圖像記憶力與觸覺辨識力。

內容：

*1.*由大人指定圖片，要求使用特定轉動鈕，可將母雞Emma放在指定圖片上，作為標記。

*2.*輕輕矇住孩子眼睛，請孩子用手摸一摸四個轉動鈕，找出哪一個是剛剛被指定的轉動鈕？

*3.*孩子選定後，打開孩子眼睛，讓幼兒自行確認答案是否正確。

Lacing Fun

串串樂

- 鍛鍊手眼協調能力、小手肌及專注力、訓練邏輯思維及認知

產品尺寸：塑膠骨頭2(W)x1(H)x1.3(D) cm
產品包含：2條110cm長鞋帶+100粒塑膠骨頭(5種顏色)
主要材質：ABS塑膠

穿骨頭訓練可增強孩子的手眼協調能力和手部肌肉的發展，更有助培養耐性和專注力，提升學習能力。此教具必須雙手並用，利用拇指和食指將繩子穿過小骨頭的小孔，加強雙手協調能力。而活動中的動作較精細，可讓孩子靈活的運動前二指的小肌肉。此外，小骨頭均分為5種不同的顏色，家長可逐步教導孩子認識顏色，學習顏色分類，把不同顏色的小骨頭穿到相對應顏色的繩子中，提升認知和邏輯思考的能力。

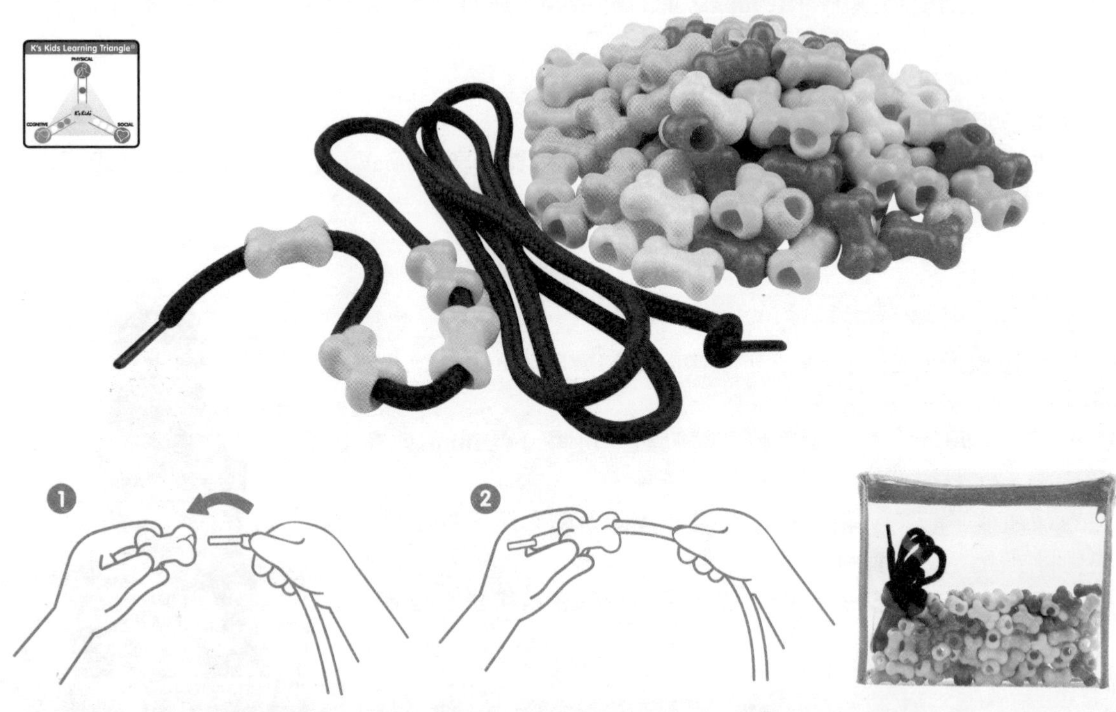

Clip N Sort

指肌fun fun杯

●鍛鍊手眼協調能力、小手肌、專注力、
訓練邏輯思維及認知

產品尺寸：長夾子24.5(L)cm、紅杯9.7cm (直徑)、
橘杯8.6cm (直徑)、綠杯7.6cm (直徑)、
黃杯6.6cm (直徑)、藍杯5.8cm (直徑)

產品包含：長夾子1支+50粒塑膠骨頭+5個不同顏色杯
+1個杯蓋

主要材質：ABS塑膠

這是一個可讓孩子學習顏色的認知和鍛鍊手部小肌肉能力的訓練教具。家長可讓孩子用長夾子把指定的顏色骨頭夾到相關顏色的杯子裡，等孩子掌握了一種顏色後再學習其他的。在此活動中，孩子除了能透過顏色的分類訓練到邏輯思考能力外，同時可以訓練專注力和手眼協調的能力。另一方面，孩子可從夾取東西的過程中運用到前三指，鍛鍊手指的指力和協調性，這對於學習執筆書寫有很大的幫助。

活動一 杯子排排隊

◆透過視覺辨識杯子的大小，學習大小順序的概念。

內容：

*1.*先將fun fun杯中的杯子一一取出，請孩子看看，那一個杯子大？哪一個杯子小？

*2.*依序排列由大到小的杯子。

*3.*或是由小到大的排列杯子。

活動二 杯子疊疊樂

◆透過觀察，辨識杯子的大小並依照大小順序練習堆疊的動作。

內容：

*1.*大人將杯子散放在桌面上，請孩子自由的組合。

*2.*接著再引導孩子依照杯子的大小，依序將小的杯子套進大的杯子中或根據杯子的大小將它們疊高起來。

活動三 顏色對應

◆練習顏色對應的邏輯性。

內容：

*1.*先將各種顏色的杯子排列開來，再將小骨頭倒在桌上。

*2.*引導孩子依據顏色，利用(夾子)，將小骨頭夾入到對應顏色的杯子中。

活動四 猜猜在哪裡

◆透過視覺追蹤的遊戲，培養幼兒專注力。

內容：

*1.*取出任三種顏色的杯子，杯口朝下，再拿一顆小骨頭。

*2.*在孩子的面前將小骨頭放在某一個杯子裡。

*3.*接著任意移動三個杯子的位置，最後請孩子猜猜，小骨頭在哪一個杯子裡？

活動五　序列遊戲

◆增進孩子視覺辨識能力與序列邏輯概念。

內容：

*1.*大人先將任意兩種顏色的小骨頭，依序排列二次，例如：紅色、橘色、紅色、橘色，並且串在繩子上。

*2.*引導孩子觀察排列的規則及次序。

*3.*接著請孩子試試自己往後排列小骨頭。

*4.*依照孩子經驗與能力變化小骨頭顏色的數量或是序列的排列方式。

活動六　聽音取物

◆培養聽覺記憶與學習顏色認知。

內容：

*1.*大人口頭給予指令，請孩子拿取相對應顏色的小骨頭。

*2.*孩子在各種顏色的小骨頭當中挑選正確的顏色。

*3.*接著再加入數量，讓孩子練習記憶指令後並執行。

活動七 接力賽

◆訓練大小肌肉協調及穩定度。

內容：

*1.*在活動空間中布置出起點和終點，至少相隔約1.5公尺的距離。

*2.*請孩子從起點開始夾住一個小骨頭往終點走去，並將小骨頭放置在終點處的杯子裡。

*3.*可以大人和孩子輪流，或者孩子之間輪流進行。

活動八 串項鍊

◆練習手眼協調和培養色彩搭配的美感。

內容：

*1.*請孩子幫忙串項鍊送給媽媽。

*2.*大人可以一邊給予顏色的指令，請孩子依據指令拿取小骨頭。

*3.*鼓勵孩子將項鍊長度串長些。

Doodle Studio plus

左右腦綜合訓練畫板

• 訓練邏輯思維、藝術思維、增進塗鴉寫字的空間感

產品尺寸：30(W)x30(H) cm

產品包含：1塊磁鐵塗鴉畫板+1支磁性筆+12張24種活動學習卡+12張形狀學習卡+4張空間感練習膠片+1本塗鴉本+1本家長指南

主要材質：ABS塑膠、磁粉、紙卡

許多的孩子會遇到書寫的困難，這與空間感的掌握有關。左右腦綜合訓練畫板能幫助改善這樣的問題。訓練畫板內附有的4張空間感練習膠片，幫助兒童理解位置、方向、距離等空間關係，有助右腦發展。產品主要設計是讓孩子在指定的空間裡畫出指定的線條，規範的空間可隨著孩子的學習進度而調整難度。在學習空間感的同時也學會掌握有關線條的概念。此外，孩子可根據家長指南的指示畫出線條，也可在空格中蓋上心形圖案，藉著蓋圖案的遊戲加強對空間感的認知。一系列的學習卡可讓孩子學習到不同的認知，如顏色、計算和時間等，有助左腦發展。

家長指南內有不同的練習提供家長參考。

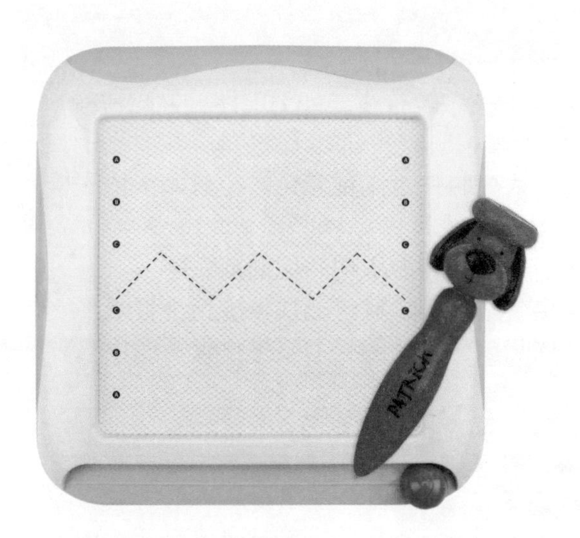

家長指南

1本塗鴉本

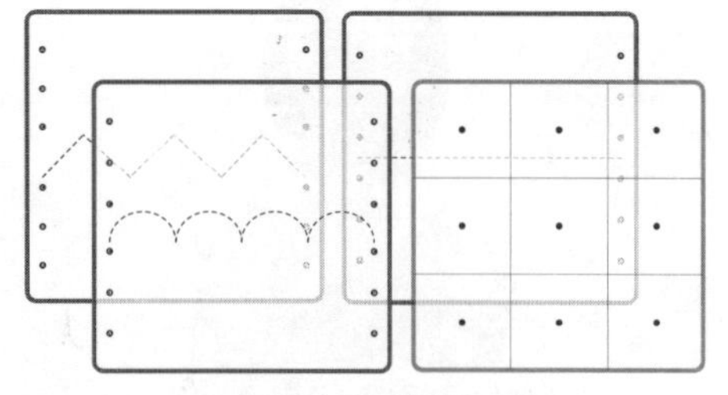

4張空間感練習膠片

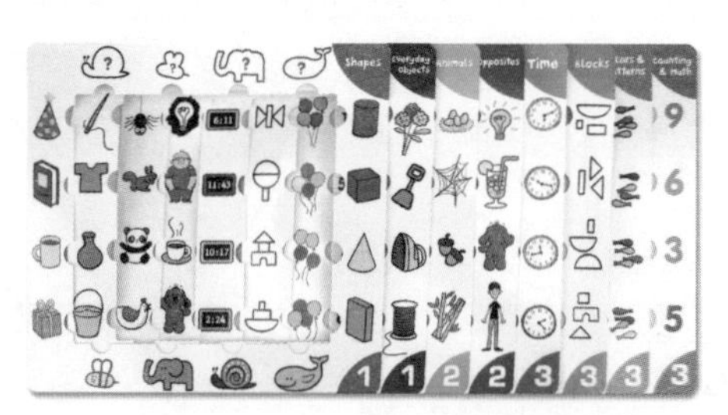

12張24種活動學習卡

12張形狀學習卡

活動一 小手蓋印章

◆在透明膠片的方格上進行蓋印，訓練孩子手眼協調、對應與點數的能力。

內容：

1.家長將九方格透明膠片放入畫板上，請孩子在每個空格中蓋一個愛心印章。

2.孩子在蓋印時，家長可進行下列引導：

(1) 觀察孩子的力道，鼓勵孩子出力，才能將愛心形狀蓋印出來。

(2) 引導孩子把愛心蓋在點點上，訓練一一對應的能力。

(3) 邊蓋印時，可引導孩子一同數數，蓋一個印，就數一個數字。練習點數的能力。

(4) 家長可出指令：「請幫我把中間那一排的印章蓋滿。」；「接著請幫我把上面那一排的印章蓋滿。」以此類推，練習空間辨識的能力。

活動二 運筆遊戲

◆利用4張透明膠片上的提示，請孩子在畫板上進行直線、折線、曲線、多方向線的練習。

內容：

1.家長可視孩子的能力，將欲練習的透明膠片放在手畫板上，並利用手寫筆，先在上下兩A點連一直線，確定連線範圍後，請孩子在範圍內按照虛線分別進行畫直線、折線、曲線、多方向線的練習。

2.連線範圍可視孩子的熟練度，逐步縮小範圍，如：從上下兩A點的範圍，變成上下兩B點間的範圍、上下兩C點的範圍。目的在訓練孩子運筆力度的掌控能力。

3.過程中，家長可利用故事，引導孩子進行運筆練習，增加趣味：如：柏德烈要去找好朋友，他要經過很多地方，要先走直直的大馬路(直線)；接著要爬高高的山(折線)；還要渡過長長的河流(曲線)；最後還要穿越一個大迷宮(多方向線)，才能到朋友的家。

活動三 聰明金頭腦

◆運用連線遊戲卡上的提示，請孩子利用手寫筆將正確答案的畫線連起來，訓練孩子多向度的認知能力。

內容：

1.家長可先帶領孩子觀察每張遊戲卡上的圖案，說一說看見了什麼？什麼時候會看到/用到？接著透過下列情境引導語，引導孩子在每一張遊戲卡解題。

(1) 形狀辨認：玩具屋

＊引導語：玩具屋裡好多玩具，這些玩具是什麼形狀的呢?(形狀辨識)；這些玩具藏在哪裡？(影子、線框配對)。

(2) 日常物件：工具箱

＊引導語：工具箱裡有很多東西，想一想，哪兩樣東西有關係呢?為什麼?（關係/用具配對）

(3) 動物：動物園

＊引導語：動物園裡有好多動物，請幫忙動物管理員把跟每一種動物有關的物品找出來，再說說看為什麼? (關係配對)

(4) 相反：公園

＊引導語：公園裡發現了好多相反物品，你可以找到每樣東西的另一個相反圖案嗎？(如：大象v.s小老鼠；開門v.s關門)，再說說看你找到了什麼？

(5) 顏色與圖案：有趣的美勞課

＊引導語：小朋友在美勞課做/畫了好多作品，這些材料，可以做/畫出什麼作品呢？

(6) 數量與加減：糖果屋

＊引導語：糖果屋裡有好多不同造型的糖果，數一數、算一算，再把正確的數字連起來。

(7) 積木：積木城堡

＊引導語：積木城堡裡有好多的積木，這些積木可以堆出什麼圖案呢？為什麼？

(8) 時間：鐘錶行

＊引導語：鐘錶行裡有好多的時鐘，每個時鐘分別是幾點鐘/幾點幾分呢？

＊引導語：觀察天空上的變化，想一想現在應該是幾點鐘呢？

活動四 小小畫家

◆運用活動學習卡，共12張24個場景，引導孩子依據卡片上的提示，按照步驟完成不同的物件或圖案，拓展孩子不同的繪圖技巧與體驗。

內容：

*1.*準備活動學習卡，請孩子先觀察該張卡的情境。如： 海底世界、沙灘、水族箱、外太空、花園、池塘、草叢、大馬路等。

*2.*家長可先藉由活動學習卡的情境，先引導孩子欲繪畫的物件特徵，再鼓勵孩子按照繪圖卡上的步驟，一步步將圖案畫出來。如： 大人：「海裡有好多魚喔，你知道魚的樣子嗎? 」孩子：「魚有魚鰭、腮..。」大人：「你想不想畫魚? 我們一起按照上面的提示把魚畫出來。」

活動五 形狀聯想畫

◆藉由形狀學習卡的鏤空形狀，進行形狀聯想、形狀填色、形狀描畫、形狀拼組等創作，激發孩子創意。

內容：

*1.*形狀聯想：請孩子觀察形狀學習卡上的各種圖案，並說一說看到什麼？家長可進一步詢問這些圖案共同的特徵是什麼 (如：都有圓形)？接著讓孩子想一想，這個形狀還可以聯想到什麼其他的圖案？請他畫下來。

*2.*形狀填滿：任選一張形狀學習卡放在畫板上，請孩子將鏤空的形狀圖案，用畫筆將形狀塗滿顏色。

*3.*形狀描畫：任選一張形狀學習卡放在畫板上，請孩子將鏤空的形狀圖案，用畫筆描畫出來。

*4.*形狀拼組創作：分別不同的形狀學習卡放在畫板的不同位置，進行形狀拼組畫。

活動六 卡片記憶遊戲

◆利用形狀學習卡上的顏色、形狀、物件，進行記憶遊戲。

內容：

*1.*物件記憶：任選一張形狀學習卡，請孩子觀察卡片上的物件後，蓋住卡片，請孩子回憶剛剛卡片上的物件，再翻開原來的卡片進行檢視。

*2.*顏色記憶：

(1) 任取3~6張形狀學習卡，將卡片依序擺放，可上下擺放、左右擺放。

(2) 請孩子觀察卡片10秒鐘，請孩子觀察卡片的顏色與擺放的位置。

(3) 將卡片弄亂。再請孩子將剛剛的擺放位置及顏色擺出來。

(4) 形狀記憶：同上方顏色記憶的活動方式，請孩子改為記形狀與位置。

活動七 事件的先後順序

◆將家長指南上的步驟圖影印並剪下來，讓孩子排列出完成這個圖案的先後順序。訓練孩子觀察、邏輯思考的能力。

內容：

1.準備家長指南，並將每個圖案的步驟圖影印下來。

2.用立可白將步驟卡上方的數字塗掉。

3.接著再將步驟圖剪下來，做成事件順序卡。

4.視孩子的能力，請孩子將自製4~9格的事件順序卡，依照繪圖順序排列出來。

活動八 我畫你猜

◆運用形狀學習卡上的圖案，請孩子觀察特徵後，將它畫下來，培養孩子觀察圖像與運筆能力。

內容：

1.抽一張形狀學習卡，請孩子畫出卡片上的一樣物品，請家長猜猜看他畫的是卡片上的哪一個圖案？

2.可視孩子能力，增加卡片的張數。增加孩子掌握圖案特徵繪圖的能力。

活動九 形狀剪貼大師

◆請孩子將形狀學習卡上的鏤空形狀描畫在一般的畫紙或色紙上，再將形狀剪下來。進行拼貼創作，激發孩子創造力。

內容：

1.準備畫紙或色紙數張、剪刀一把、蠟筆。

2.請孩子挑選喜歡的形狀學習卡，並在畫紙或色紙上用蠟筆描畫出來。

3.用剪刀將描繪好的形狀剪下來。

4.剪下來的形狀可收集起來，可做為形狀拼貼畫。

2 in 1 Dress Up Doll

2合1自理訓練布偶

•培養自理能力、建立自信心、鍛鍊小肌肉

產品尺寸：22(W)x55(H)x4(D) cm
主要材質：100%棉、滌綸、棉布

學習穿衣技巧除了能提升兒童自我照顧的能力外，也能建立良好的生活習慣，培養責任感、自信心和解決困難的能力。孩子可透過 2合1自理訓練布偶練習扣鈕扣、拉拉鏈和綁鞋帶等穿衣技巧，布偶上的鈕扣分為大小兩種，可作不同難度的訓練。而鈕扣比一般常用的較大，可讓穿衣訓練變得更簡單和容易，非常適合尚未能完全控制小肌肉活動的小孩，提升他們細微動作的自信心。穿衣動作能訓練雙手協調能力和精細肌肉動作的靈巧度。

扣鈕扣和綁鞋帶(男孩)

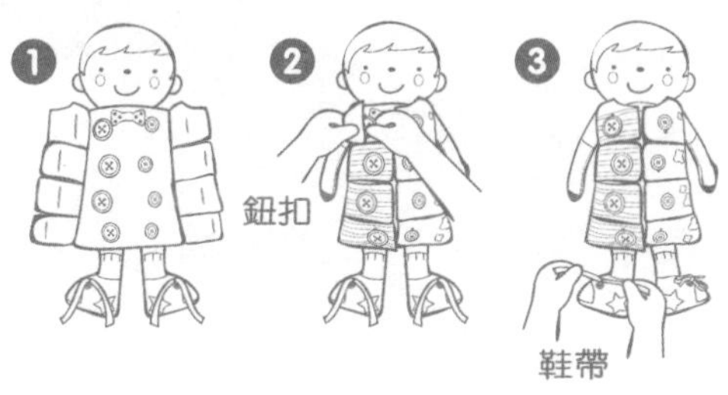

拉拉鏈和綁鞋帶(女孩)

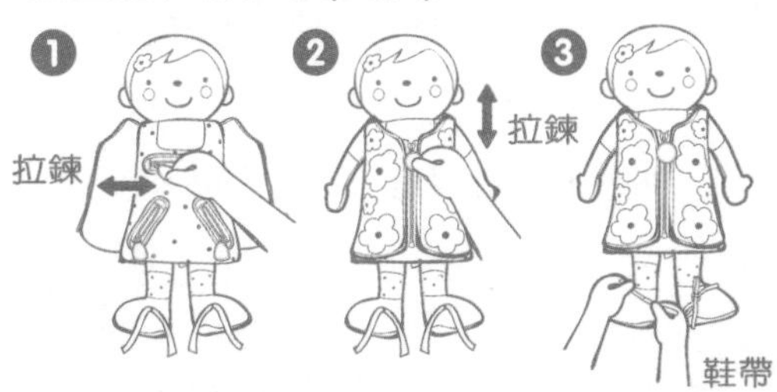

活動一 數一數，有幾個

◆藉由10以內的唱數練習，學習數與量的對應。

內容：

*1.*翻到小男生的布偶那一面，請孩子看看，衣服上有什麼？

*2.*數一數，有幾顆鈕扣？引導孩子邊唱數邊點數，並提醒數與量之間的對應。

活動二 大的和小的

◆利用大小鈕扣，建立比較大小的數理概念。

內容：

*1.*請孩子先觀察，這些鈕扣有哪些地方一樣？哪些地方不一樣？

*2.*引導孩子說出，哪一些鈕扣是大的？哪些鈕扣是小的？

活動三 顏色對應

◆利用鈕扣進行顏色的辨識與對應。

內容：

*1.*請孩子先觀察，這些鈕扣有哪些顏色？並說一說顏色的名稱。

*2.*接著請孩子依據大人的指令，完成相對應的顏色鈕扣指認或完成穿過扣眼的動作。
例如：請扣上黃色的大鈕扣。

活動四 我會穿衣服

◆藉由幫布偶穿衣遊戲，練習手眼協調與手部精細動作。

內容：

*1.*利用孩子襯衫上的鈕扣或外套上的拉鍊。

*2.*讓孩子練習將衣服穿在布偶身上，並且完成扣鈕扣或拉拉鍊的動作。

活動五 分類小幫手

◆利用家中成員的衣物，和孩子進行分類的練習。

內容：

*1.*大人先設定分類的依據，例如：依照人物分，爸爸的、媽媽的、姐姐的、哥哥的、孩子自己的……；或是依照衣服的種類分類。

*2.*分完之後，可以再請孩子說說，為什麼這樣分？

活動六 我是小小設計師

◆透過為布偶進行服裝設計，提供孩子聯想、創造的機會。

內容：

*1.*大人在海報紙上，畫出和布偶相同大小的布偶外框(或者引導孩子利用蠟筆在海報紙上描出布偶輪廓)。

*2.*大人將頭的部位畫好之後，身體的衣服，請孩子想想，要讓布偶穿什麼樣的衣服。

*3.*接著陪伴孩子，幫布偶設計出身上的衣服，用蠟筆或是色紙等各種不同媒材來表現。

活動七 命名遊戲

◆透過布偶進行角色扮演，練習生活常規。

內容：

*1.*大人和孩子一起想一想，要幫玩偶取什麼樣的名字？並且引導孩子說說為什麼？

*2.*接著可以和孩子一起進行扮演的遊戲。

*3.*大人則在遊戲進行的過程中，將基本的生活常規及禮儀帶入，讓幼兒在遊戲中透過布偶進行練習。例如：接受他人的服務或幫助時，要說：「謝謝！」不小心撞到別人，要說：「對不起！」

活動八 我想跟你/妳說

◆透過布偶進行語言活動，練習表達能力同時抒解情緒。

內容：

*1.*請孩子想一想，有沒有說不出什麼事或是害怕說出？可以請他對著布偶傾訴，並且引導孩子試著表達自己的情緒，不要壓抑在內心。

活動九 我會自己穿

◆藉由為布偶穿衣的模擬情境，學習自己穿衣的實際動作。

內容：

*1.*大人先示範將布偶抱在自己胸前，為布偶穿衣的動作。

*2.*接著引導孩子將布偶抱在胸前，貼近自己的身體。告訴孩子：「現在你是哥哥(姊姊)，要幫小寶貝穿衣服。」請孩子幫布偶穿好衣服。

*3.*大人可站在孩子後方，視孩子完成動作的情況，適時給予輔助與讚美。

創意活動設計《社交發展》

許多的家長常會問，孩子常哭鬧，說「不要」，該如何處理？例如小朋友去看醫生，要求他們讓醫生檢查一下，他們會說「不要」。有病需要打針，他們也會說「不要」。但為什麼他們會說「不要」呢？因為他們知道打針會痛，所以對於打針感到害怕。如果我們想減低孩子不安或失控的情緒，我們應該要讓孩子知道這些情緒是什麼？當孩子開始有語言及社交發展後，他們會了解到自己有不同的感覺。例如開心和傷心，他們很容易會用笑和哭來表達。但當他們漸漸長大，伴隨弟弟妹妹的出生，他們會妒忌或害怕做不完功課而感到壓力，這跟他們小時候的害怕是不一樣的。

這種情況家長可以利用故事書和圖卡去幫助他們。以看醫生的例子來說，我們可以給孩子看「我要去看醫生」這類型的圖書，故事以親切的語句，讓孩子明白為什麼要看醫生以及事前多多鼓勵孩子，減低孩子看醫生的恐懼心理。當孩子聆聽故事時，我們也可以運用鏡子，去反映他們覺得害怕時的表情和反應，讓他們記住害怕就是這種感覺。

家長也可以和孩子玩一些表情遊戲，要求孩子擺出開心、不開心、生氣及哀傷等表情，然後拍成照片來製作圖卡。當孩子不能用語言表達自己的情緒時，我們可以將圖卡給他們指出其感受，是開心？是不開心？是生氣？或是哀傷？雖然孩子未能用語言表達出來，但他們可以用圖卡來讓家長知道他們的情緒。

家長除了可以嘗試利用玩具圖書外，也可以親手製作孩子的照片卡，幫助孩子學習表達自己的情緒。家長們不妨試試，孩子們會很喜歡的。

My Feelings

情緒表達訓練板

●幫助孩子明白自我價值、情緒表達、加強社交能力

產品尺寸：31.8(W)x44.5(H) cm
產品包含：1塊情緒表達訓練板
　　　　　+1本情緒表達訓練小書 (36頁)
主要材質：滌綸、棉布、紙

情緒表達訓練板可幫助孩子認識不同的情緒反應。運用情緒表達訓練小書上的36個生活情境讓孩子了解不同的感受，家長還可以教導孩子在不同的場境中表達適當的反應。家長可鼓勵孩子對著鏡子模仿不同的表情，學習主動表達和控制情緒，讓孩子從鏡子中觀察自己。家長更可以把孩子不同的表情拍下來貼到情緒表達訓練板上作記錄，讓孩子看到不同表情的自己，加強孩子的社交能力。

收集孩子的表情照片放進透明膠片中

情緒表達訓練小書 (36頁)

36個生活情境

活動一 我的感覺

◆運用情緒表達訓練小書，依據情境，與孩子討論遇到該情境時的情緒反應。訓練孩子語言表達與幫助孩子理解事件與情緒的對應。

內容：

*1.*準備情緒表達訓練小書。

*2.*翻開小書的頁面情境。

*3.*與孩子討論頁面中的Wayne發生什麼事 ?你覺得他有什麼感覺?

*4.*大人可翻到情緒板的背面，與Wayne的表情做對應、檢視。

*5.*大人可與孩子討論：「如果是你，你的感覺是什麼?」如：當手中的氣球飛走時，我會覺得很□□(傷心)。

*6.*請孩子對著鏡子做出表情，大人可同時用相機拍下來做紀錄。

活動二 表情八連拍

◆幫助孩子理解不同情緒反應與其展現的外顯表情。

內容：

*1.*利用情緒板上的八個情緒形容詞，大人可與孩子說明：「我們在形容自己的心情時，可以用這些語詞來說：厭惡、失落、害怕、憤怒、驚喜、快樂、疑惑、悲傷。」

*2.*將透明膠片內的情緒詞卡抽出，與下方的表情圖案做配對，放在該表情的上方。讓孩子更具體了解每個語詞代表的表情。如：厭惡就是這樣的表情，大人把詞卡放在該表情上。

*3.*請孩子模仿每個語詞，做出自己的表情。大人拍照做紀錄。

*4.*收集8張孩子的表情照片後，可放進情緒板的透明膠片中。

活動三 情緒妙妙鏡

◆觀察情緒板下方的八個表情，並想想Wayne發生了什麼事情？為何會有這種表情呢？培養孩子察顏觀色的能力。

內容：

*1.*利用情緒板下方的八個表情，請孩子說一說Wayne發生了什麼事情，為什麼會有這種表情呢？

*2.*請孩子對著鏡子模仿該表情，並討論什麼時候你會有這樣的表情呢？

活動四 表情猜一猜

◆透協助孩子理解不同情緒的外顯表徵並體會各種情緒、表情帶給他人的感受。

內容：

*1.*大人做出情緒板下方的任一個表情，請孩子指認是哪一個表情。

*2.*待熟練後，可交換角色，請孩子做表情，大人指認。

*3.*活動結束後，大人可與孩子討論最喜歡對方做的哪一個表情？為什麼？

活動五 在什麼時候，我感到很(快樂)

◆藉由分類、歸納相似的情緒，理解事件、情境如何影響情緒的展現。

內容：

*1.*大人將情緒板翻到背面，共有36個情境圖。

*2.*請孩子找一找，Wayne在做什麼事情的時候，感到很快樂？如： 吃棒棒糖、唱歌、盪鞦韆、坐旋轉木馬。以此類推，讓孩子找出相同情緒的情境。

*3.*與孩子討論，當自己遇到這種情境時，心情如何？

活動六 親子表情相簿

◆藉由共同完成家庭相簿，感受家人間的親密感，促進親子間的關係與樂趣。

內容：

*1.*準備表情小書及兩把可遮住臉的扇子(如沒有扇子，可用其它可遮臉的物品代替)。

*2.*任意翻開表情小書中的情境（建議可讓拍照的家庭成員翻表情小書出題），家長與孩子共同觀察、思考自己會有什麼表情。

*3.*家長與孩子一同喊：「預備...」此時兩人拿扇子將臉遮住。

*4.*接著，家長與孩子一同喊：「1、2、3」並一起將扇子拿開，做出表情。

*5.*此時另一位家庭成員將兩人的表情拍照做成家庭相簿。

如： 媽媽與孩子一起做表情，爸爸拍照。

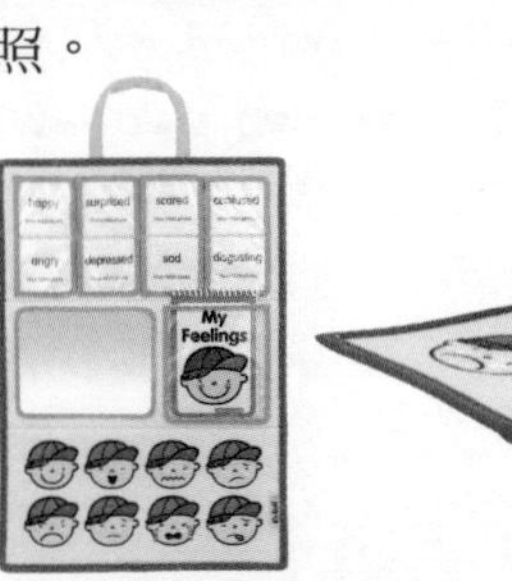

活動七 我今天的心情

◆練習表達自己的情緒。

內容：

*1.*準備13cmx9cm大小的紙卡8張，請孩子在每張紙卡上畫出不同的表情。

*2.*將情緒板掛在家中孩子的活動空間牆上。

*3.*告知孩子，每一天可將自己畫的心情卡，依據心情放入透明膠片袋中。

*4.*當孩子展示心情卡後，家長可趁機與孩子聊一聊今天做了什麼事情，心情如何。

活動八 共讀情緒議題繪本(當我□□(如：悲傷)時，我可以□□□……)

◆透過故事繪本的閱讀，大人可與孩子一同探討故事主角的情緒，以及當自己遇到這樣的情緒時，可以怎麼處理，避免孩子持續在負面的情緒中。

內容：

*1.*大人可在平日收集與情緒主題相關的故事繪本，透過故事主角所面臨的情境與解決的方式，從中讓孩子了解情緒抒發的方法。繪本建議：《你的心情好嗎？》、《各種各樣的情緒~感覺大書》、《不要！》、《愛生氣的貓》、《哇哇大哭！》等 。

*2.*大人可觀察孩子在活動七時，展示在情緒板上的自製心情卡正向還是負向情緒多，透過繪本或是心情卡了解幼兒的內在情緒，並引導抒發情緒的方法。

*3.*大人亦可運用故事立方教具中所附的18組故事圖卡，與孩子探討故事主角的情緒。

活動九 Wayne的一天

◆利用情緒板上Wayne的8個表情，用故事：Wayne的一天串連起來。培養孩子語文表達、故事邏輯與情緒認知的能力。

內容：

*1.*大人展示情緒板上的8個Wayne表情圖案。

*2.*大人與孩子共同發想故事，如：Wayne的一天，將Wayne的8種情緒融入故事內容中。

*3.*故事主題也可隨著孩子的生活經驗改變，如：Wayne逛市場、Wayne的生日派對、Wayne第一次騎單車、Wayne有了一個弟弟...等。

*4.*孩子在述說Wayne的故事內容中，可能也是自我情緒的投射，大人可透過此活動，一方面訓練孩子語文邏輯力，另一方面也可了解孩子情緒反應。

創意活動設計《語言發展》

相信家長都明白親子共讀的重要性，許多家長都會和孩子共讀圖書及說故事。在孩子4、5歲開始，家長除了可以說故事給孩子聽外，還可以將說故事這個工作交給孩子去負責，提升他們的想像力及邏輯思維。家長可以利用一些簡單的圖書，給孩子根據圖畫說出事情的發生順序。我們也可以利用一些圖卡，當中有不同事情發生順序，讓孩子運用想像力去想想事情發展的先後順序及故事情節。

很多時候，我們發現孩子是十分聰明的，當你問他們一些數字，算術時，他們很快可以說出正確的答案。但當要求他們運用想像力，想像故事的情節及發展，或是一些關於生活情景的問題，例如：「當你外出時走失了，找不到媽媽，你會怎樣做？」他們卻答不出來。因此，給孩子機會去說故事及訓練他們的邏輯思維，是一件非常重要的事。學習不是單方面的吸收，孩子都需要努力去表達，才可以達到雙向學習的成果。

Story Blocks

故事立方

•訓練邏輯思維、提升語言能力

產品尺寸：8(W)x8(H)x8(D) cm
產品包含：4個布骰子+ 18個故事圖卡+1本學習指南
主要材質：100%棉、滌綸、棉布、PVC、紙卡

說故事看似簡單，對訓練孩子的邏輯思維、口語表達等能力卻很有幫助。首先，家長必須協助孩子把故事圖卡分別放入4個布骰子的膠片中。在這樣的訓練中，孩子必須透過觀察每個骰子整體的圖案把整個故事按應有的順序排列出來。家長可利用學習指南中的問題來誘發孩子思考，問題的內容有關於因果關系，藉此訓練兒童的高階思維。當孩子正確的把骰子排列完成時，家長可鼓勵他們說出簡單的字詞，再把各字詞拼湊起來完成一個小故事，藉此提升兒童的語言能力。孩子也可以透過與爸爸媽媽的交談過程中培養溝通能力。

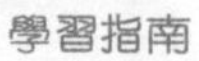

學習指南

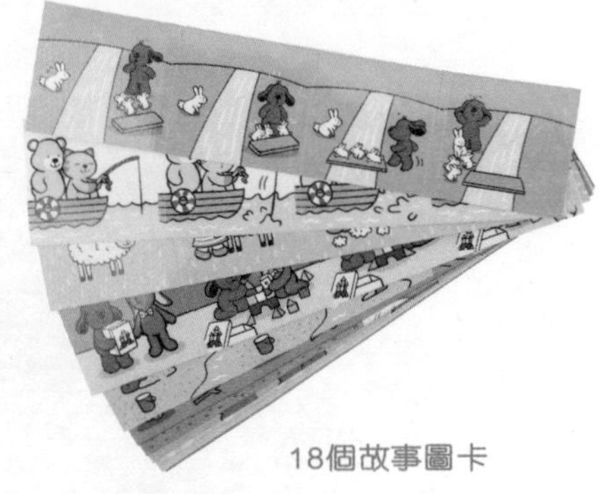

18個故事圖卡

活動一 說故事高手

◆依據故事先後順序說故事，培養孩子邏輯思考及語言表達能力。

內容：

*1.*大人先將所有故事卡翻到背面有數字的那一面。

*2.*請孩子將相同數字的四張故事卡找出來。

*3.*選擇其中一副數字卡，並翻到有故事的正面。

*4.*大人可根據學習指南來問問題，引導孩子明白故事的內容。

*5.*請孩子再依故事情節依邏輯排列，將完整的故事說出來。

*6.*說完故事後，可與孩子一同為故事命名。

活動二 找出相同故事卡

◆藉由觀察圖像傳遞的線索，訓練孩子解讀圖像能力。

內容：

*1.*將所有故事卡翻到正面。

*2.*請孩子觀察並找出同一組故事圖卡後，翻到背面看是否是相同的數字。

*3.*再請孩子依據故事順序排列故事卡，並述說故事。

活動三 故事接龍

◆利用同一組的4張故事卡，輪流說故事。透過輪流說故事，訓練孩子邏輯思考。

內容：

*1.*選擇同一組故事卡散放在桌面。

*2.*大人先出一張故事卡描述故事，接著請孩子找出下一張，依序將故事內容述說完成。

活動四 故事小偵探

◆藉由推論故事發生的先後、因果關係，建構孩子從圖像線索發展合理故事情節的能力。

內容：

*1.*大人選擇一組故事，並只展示其中一張卡給孩子看。

*2.*請孩子推論此張故事卡的前後情節。

*3.*大人引導時，可先問孩子描述展示的故事卡內容，如：「你看到什麼?」接著透過問題引導孩子思考「為什麼會這樣？」「接下來可能會怎麼樣？」

活動五 故事立體拼圖

◆透過組合故事立方，請孩子翻轉故事立方拼出同一組故事，並練習看圖說故事的能力。

內容：

1.選擇4組故事卡，大人協助將同一組的故事卡，分別插進4個故事立方的其中一面。

2.請孩子翻轉4個故事方塊，將同一組故事按照順序拼組起來。

3.布骰子可拼組成下列造型：

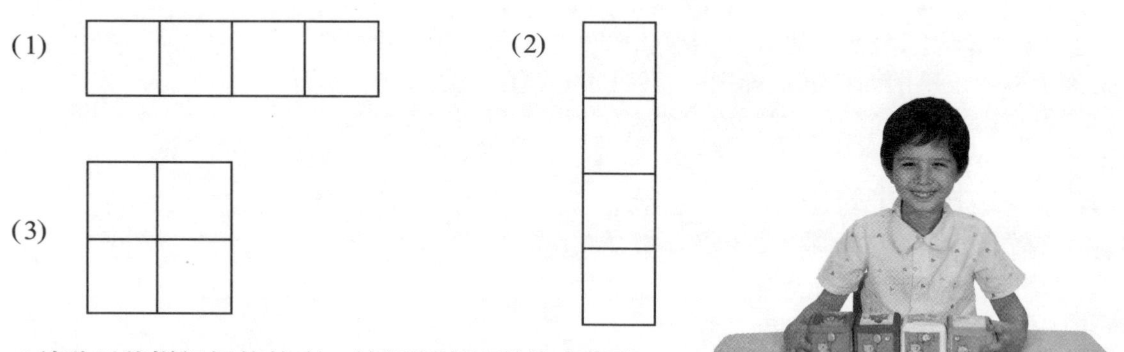

4.請孩子將拼組好的故事，按照順序述說故事內容。

活動六 故事的結局

◆透過故事卡的鋪陳，讓孩子臆測故事的結局，藉由此了解孩子的表達、想像、邏輯、情緒及認知能力。

內容：

1.大人可任選一組故事卡，先按照故事順序排列，並將故事卡的最後一張拿走。

2.請孩子觀察前三張的故事情節，引導樹說故事，並請孩子想像故事的結局。

3.準備一張畫紙，請孩子將結局畫下來做紀錄。

活動七 故事立方拼圖

◆藉由自製圖卡的拼圖遊戲，建構孩子對空間與方向的基礎認知。

內容：

1.準備一張20x20公分的圖畫紙或西卡紙，請孩子在紙上繪製圖案。

2.大人將圖案切割成4等份(5x5公分)，並將4張圖案卡分別插進4個故事立方的其中一面。

3.請孩子翻轉故事立方，將同一組圖案拼組出來。

活動八 骰子組合遊戲

◆用四色故事立方的特性，分別在4個故事立方的膠片中，放入自製圖卡，透過擲故事立方、故事立方組合的方式，進行語文、成語、數字、音樂組合遊戲。

內容：

1.語文練習：

(1)可設定紅立方－人物；黃立方－時間；藍立方－地點、綠立方－做什麼。

(2)在四色故事立方中，放入自製的圖卡/字卡。如：紅立方六面全放入人物圖或名稱；黃立方六面放入與時間相關的文字或圖。

(3)請孩子分別擲四色故事立方。並依據擲到的那一面將完整的句子說出來。如：我在早上去公園做運動。

2.成語組合：

(1)自製六組故事立方字卡(一個字一張字卡)。 如：一目十行、七上八下、聞雞起舞、海闊天空、五花八門、人山人海。

(2)將字卡分別放入四色故事立方的一面膠片中。

(3)請孩子分別轉動四色故事立方，將完成的成語拼組出來。

3.數與量配對：

(1)自製數字卡1~6兩組。數量卡1-6兩組。p.s數量卡可用水果、圓圈、形狀、糖果等小圖案設計。

(2)大人協助將完成的卡片，放入四色故事立方的膠片中。

(3)請孩子先擲兩顆數字立方(如：6、2)；接著孩子在另兩顆數量立方中，翻轉出合起來數量為8的立方面。(如：4顆糖果、4顆糖果)

• 此遊戲在訓練孩子數與量的合成概念。

4.音符創作：

(1)自製音符卡四種，一種6張。

如：紅立方：藍立方： 黃立方： 綠立方：

(2)大人協助將完成的音符卡，分別插入四色立方中。

(3)請孩子同時丟擲四色立方，並依據擲到的那一面，敲打出正確的節拍。

(4)此遊戲乃在訓練孩子音符辨識；節奏的能力。

創意活動設計《口肌發展》

幼兒在六個月大開始學習進食固體食物時，可以讓孩子吃些食物泥和水果。因為當他們口嚼不同質感的食物，可以運用到口部肌肉、舌頭及嘴唇，這些動作都是幫助他們口部肌肉發展及奠定學習說話的基礎要素。幼兒喜歡咬東西，他們會咬玩具、牙膠、自己的手指，甚至每當家長抱起他們時會咬父母的肩膀。在安全的情況下，家長應儘量讓孩子感受不同的質感。如果孩子喜歡把東西放進嘴裡，不要阻止要讓他們去嘗試，最重要是確保他們放進口內的東西是乾淨，而且不會有小配件鬆脫出來，造成孩子窒息，影響他們的呼吸，這些探索對口部肌肉發展是十分重要的。

當孩子漸漸長大，可以讓他們拿著杯子去喝飲料，家長也可以利用飲料的吸管去跟孩子玩一些小遊戲，例如用吸管去吹或吸一些東西。幼兒可以吹一些有顏色的水成為圖畫。年齡大些的孩子可以吹動一些小玩具或吸起紙張或面紙，這些都可以訓練口部肌肉發展。若兒童有流口水的情況，透過以上的遊戲，流口水情況是可以改善，語言會更流利。學習吃食物的口部肌肉訓練，是和孩子說話息息相關的，所以大家不要忘記，由進食開始，是培養語言發展的第一步。

Oral Muscle Teether

b型牙膠

• 鍛鍊口肌、改善流口水及吞嚥功能

產品尺寸：7.6(W)x10.6(H)x1.4(D) cm
主要材質：安全無毒軟橡膠(TPR)

口部肌肉的發展遲緩會使孩子在語言和進食方面出現障礙，而正常吞嚥動作需要下顎及舌頭的協調，若孩子的口肌力度不足或下顎、舌頭不協調會導致經常流口水和吞嚥的困難，進而影響發音及溝通能力。b型牙膠可強化臉頰、舌頭、嘴唇及下顎的力度、活動力和協調力以改善及預防過度流口水和吞嚥的問題。產品的設計可讓兒童放在口腔兩側的肌肉，更可放置到臼齒的位置。牙膠表面的紋理則可增加嘴唇、牙齦和舌頭的觸覺刺激，提升口腔感覺辨別能力。

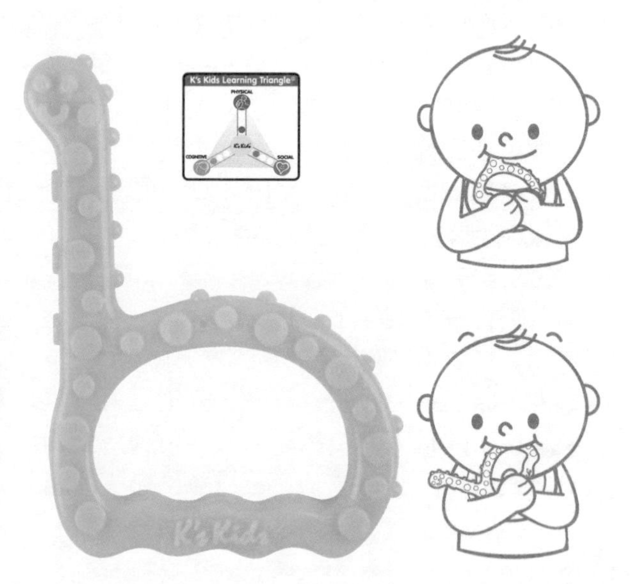

Blow and Blow

口肌訓練板

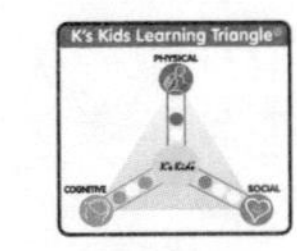

• 鍛鍊口肌及小肌肉

產品尺寸：23(W)x23(H) cm
產品包含：5頁雙面印刷的紙板+5粒塑膠骨頭
主要材質：ABS塑膠、紙卡

口部肌肉的活動能力與語言發展有著密不可分的關係。口肌訓練板是針對孩童的口肌，特別是下顎的肌肉而設計的。孩子可先將塑膠骨頭放在紙板路軌的開始點，利用吹氣推動塑膠骨頭向前行，直到終點。孩子可以透過不同的路軌及塑膠骨頭的數目來增加難度。孩子必須拿捏吹氣的力度來完成此訓練，這樣的動作能鍛鍊口部肌肉的持久力，並強化肌肉有助語言發展。另一方面，呼吸動作也有助孩子放鬆自己，舒緩日常的焦慮感和緊張的情緒。

正面

反面

活動一 看圖說故事

◆發揮孩子想像力，並結合生活經驗，練習看圖說故事

內容：

*1.*可以取出單張紙板，讓孩子說說板子上有什麼，然後自己編一個小故事。

活動二 故事接龍

◆利用紙板進行故事接龍，練習敘事邏輯與口語表達。

內容：

*1.*大人和孩子輪流利用紙板路軌，進行故事接龍的遊戲。

*2.*故事必須互相連貫，練習合理與邏輯性。

活動三 上下左右接接樂

◆空間與位置的對應練習。

內容：

*1.*請孩子觀察路徑的位置，練習上下左右的名稱。

*2.*練習將不同的紙板移動，讓軌道相互連接。

活動四 命名遊戲

◆練習正確的命名與對應。

內容：

*1.*大人依照紙板上的物品，說出物品或動物的名稱。

*2.*請孩子指認正確的物品和動物。

活動五 手指開車遊戲

◆小手肌肉控制和手眼協調活動。

內容：

*1.*先和孩子一起將紙板路線拼好。

*2.*讓孩子用手指頭在路線上前進，記得盡量走在路線的中間。

活動六 大風吹吹吹

◆不同力道的吹氣練習。

內容：

*1.*收集家裡各種不同材質的小東西，例如：泡棉、保麗龍、色紙折成的小動物、不同的紙張揉成的小紙球...等。

*2.*讓孩子嘗試不同材質的物品在軌道上吹動的時候，需要的力道差別。

*3.*若孩子吹不動時，可用粗的吸管來輔助。

活動七 運筆練習

◆練習連續線條的運筆。

內容:

*1.*給孩子粗的三角蠟筆。

*2.*讓孩子在拼排好的紙板上依據路線進行運筆練習。

*3.*依照孩子的程度與能力，調整紙板的數量。

活動八 看一看，比一比

◆圖像的觀察與比較。

內容:

*1.*拿出一塊紙板，讓孩子看看兩面的圖案。

*2.*接著大人引導孩子看一看，說一說兩張圖像的差別，哪裡一樣，哪裡不一樣？

活動九 吸管吹吹樂

◆ 鍛鍊口肌及小肌肉。

內容:

*1.*先和孩子一起將板塊路線拼好。

*2.*預備一支吸管，將一粒塑膠骨頭放在路線的起點。

*3.*讓孩子利用吸管，將塑膠骨頭由起點吹到終點。

*4.*家長可鼓勵孩子需控制力度，骨頭不要吹到在路線之外。

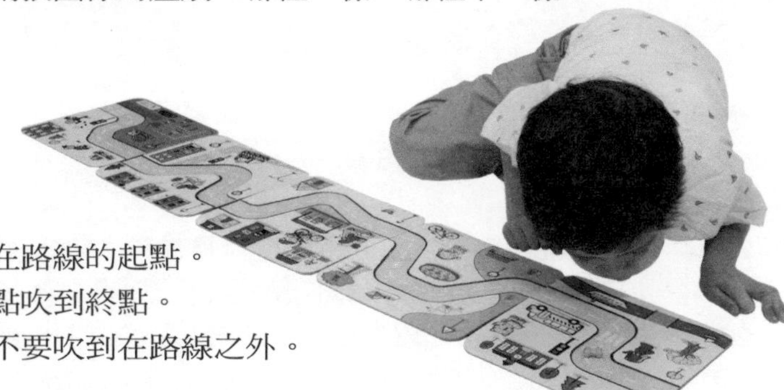

My Singing Birthday Cake

口肌訓練蛋糕

• 鍛鍊口肌、手眼協調能力、邏輯思維及認知

產品尺寸：9.5(W)x21(H)x9.5(D) cm
主要材質：ABS塑膠

孩子最喜歡慶生了，會播放生日快樂歌的蛋糕能讓孩子反覆體驗生日的快樂氣氛。從蛋糕中取出發光棒，用拇指按壓棒上的按鈕使發光棒亮起，再逐一把蠟燭點起，熟練孩子的手部肌肉、指力的控制、手眼協調和專注力。生日快樂歌會隨著蠟燭亮起而播出旋律，接著讓孩子逐一把蠟燭吹熄，吹氣動作能強化口部肌肉和語言發展，遊戲過程中還可以訓練兒童的高階思維，讓孩子明白因果關係，蠟燭是透過燃點而亮起的，加強邏輯思考的能力。

點亮蠟燭提升手眼協調能力

逐一把蠟燭吹熄能強化口部肌肉發展，吹熄所有蠟燭後還會發出歡呼聲

活動一 我的生日

◆利用月曆認識孩子自己的生日，並學習說出自己生日是幾月幾日。接著拿出口肌訓練蛋糕，當作給孩子的生日驚喜。

內容：

*1.*準備月曆，詢問孩子自己的生日是幾月幾日？大人可翻到孩子生日的月份，並指出孩子生日的日期。如果孩子知道自己的生日，亦可請孩子自己翻月曆跟家長說。

*2.*與孩子一起練習：「我的生日是X月X日」句子。熟悉後，亦可練習家人的生日。如：「媽媽的生日是X月X日」認識完生日後，可拿出口肌訓練蛋糕當做孩子的生日驚喜。

活動二 神奇魔法棒

◆藉由慶祝生日，運用口肌訓練蛋糕，鍛練孩子手眼協調、手指肌肉控制、專注力。

內容：

*1.*拿出口肌訓練蛋糕，請孩子說一說看到什麼？如：「...蛋糕的中間有隻大頭狗...。」接著，請孩子將大頭狗發光棒拿出來。

*2.*請孩子運用拇指按壓棒上的按鈕，使發光棒亮起。

*3.*請孩子運用手中的發光棒，點亮每根蠟燭。大人：「這是一枝神奇的魔法棒，請你試試看，能不能把蛋糕上的蠟燭燃點？」此時可觀察孩子手握發光棒，靠近每根蠟燭使其亮起的手眼協調能力。

*4.*請孩子說一說共點亮了幾根蠟燭？

*5.*請孩子隨著生日快樂歌音樂，跟著哼唱。

活動三 哪根蠟燭被點亮了？

◆練習用拇指按壓發光棒，依照指令點亮蠟燭，使孩子熟練手眼協調的能力。並藉由問答，鍛練孩子語文邏輯的能力。

內容：

*1.*請孩子依據大人的指令，點亮蠟燭。如：

(1) 請點亮3根蠟燭、請點亮全部的蠟燭。(可請孩子邊點邊數，練習點數概念)

(2) 請點亮紅色、藍色的蠟燭。(顏色認知)

*2.*孩子依據指令點亮蠟燭後，大人可詢問孩子下列問題：

(1) 你點亮了幾根蠟燭? 還有幾根蠟燭沒被點亮？

(2) 什麼顏色的蠟燭被點亮了? 什麼顏色的蠟燭沒有被點亮？

活動四 蛋糕裝飾小高手

◆請孩子觀察蛋糕上的排列，練習重複型式、空間的概念，並嘗試自己裝飾點心。

內容：

*1.*請孩子觀察口肌訓練蛋糕上的水果排列，並請孩子唸出來。如： 草莓－奇異果－橘子－草莓－奇異果－橘子。也可請孩子觀察不同層蛋糕的排列，如： 奶油－巧克力－奶油－巧克力。

*2.*準備未裝飾的點心，如： 海綿蛋糕或、吐司、鬆餅；讓孩子利用水果片、葡萄乾、果醬、奶油等，運用重複型式的概念進行裝飾。

活動五 吹氣達人

◆透過紙張、口肌訓練蛋糕上的蠟燭，讓孩子練習吹氣將蠟燭吹熄，加強口部肌肉的鍛鍊。

內容：

*1.*準備長紙條1張，請孩子對著紙條練習吹氣，感受用力吹氣與否與紙條飄動的關係。將紙條拿遠一點，請孩子吹氣，感受距離不同遠近吹氣與紙條飄動的關係。

*2.*準備好已點燃蠟燭的口肌訓練蛋糕。請孩子靠近蠟燭吹氣，將蠟燭吹熄。

*3.*接著，大人可將蛋糕拿稍遠離幼兒，請孩子仍嘗試吹氣，將蠟燭吹熄。讓孩子感受在不同遠近的距離吹氣與蠟燭熄滅的關係。

*4.*與孩子討論，距離越遠，口部肌肉愈需用力，才能讓蠟燭熄滅。

活動六 哪件事先發生?

◆藉由事件發生的步驟圖，讓孩子了解事件發生的先後順序及因果關係。

內容：

*1.*準備下列圖片或照片

(1)裝飾的蛋糕、裝飾完的蛋糕。

(2)拿發光棒、點亮蠟燭、嘴巴吹熄蠟燭、蠟燭熄滅。

*2.*請孩子依據操作口肌訓練蛋糕的經驗，按照事件發生的順序排列出來。

*3.*依據排列的圖片，請孩子看圖敘說完整的事件發生過程。

活動七 繪本共讀

◆與孩子共同閱讀與生日主題相關的繪本，與孩子一同探討生日禮物、生日、生命誕生、感恩等話題。

建議繪本如下：

《小嘀咕辦生日派對》、《一個人的生日蛋糕》、《媽媽的紅沙發》、《最特別的生日禮物》、《在我出生的那一天》、《小雞過生日》等等。

活動八 生日快樂親子收集冊

◆親子收集與生日為主題的圖案、照片、孩子圖畫等，累積成一本以生日快樂為主題的家庭收集冊。

內容：

*1.*準備一本剪貼簿。

*2.*可以家人生日為主題，與孩子一同收集圖片、照片或創作，集結成冊。建議收集的內容如下：

(1)孩子操作口肌訓練蛋糕的照片。

(2)報章雜誌剪下的各種不同的蛋糕圖案。

(3)孩子與家人過生日吃蛋糕的照片。

(4)孩子的蛋糕創作畫（可創作平面蛋糕，或利用紙箱做立體蛋糕創作）

(5)生日時收到的卡片或小物照片。

創意活動設計《良好飲食習慣》

兒童偏食和挑食是許多家長的切身煩惱，很多時候家長會問孩子只肯吃飯，不肯吃菜，怎麼辦呢？要解決孩童偏食的習慣，其實需要由飲食常規及健康飲食態度開始做起，最常見的是很多祖父母、家傭或照顧者，覺得孩子吃得太少，在任何時間當孩子想吃東西，他們都會給孩子吃，那麼孩子就不知道早餐、午餐、茶點、晚餐都有特定的時間。

所以要培養良好的飲食習慣，第一是需要有良好的飲食規律，為孩子建立定時的進食時間。孩子可以選擇他們喜歡吃的東西，例如在晚餐內有5款不同的食物，孩子可以選擇吃5種食物，或是吃其中3款，先決條件是這些食物都是家長替孩子選的。

另外，一個健康的飲食習慣是十分重要。如果家人都有健康飲食的知識，就可以一起遵循食物金字塔去教導孩子均衡飲食。家長也可以利用食物金字塔內的知識，跟孩子到超級市場或市場採買食物，讓孩子參與其中去準備自己喜歡吃的東西，讓他們從中學習均衡飲食的重要性，當家長給孩子參與選購及製作食物，他們對飲食會比較有興趣及更願意吃不同種類的食物。

當孩子再大一點，家長可以利用不同的圖書及相關資訊去讓孩子了解食物的由來 (例如稻米及蔬菜的種植方法)，讓他們知道食物得來不易。那麼，他們會愈來愈珍惜食物，家長可以一步一步的為孩子引導認知健康飲食的資訊，改善他們偏食的習慣。

家長必須要謹記，千萬不可以強迫孩子吃東西。如果強迫他們吃東西，他們會抗拒進食，甚至提不起飲食的興趣。所以，家長必須由教育做起，建立定時吃飯的時間，學習食物的營養，這樣就可以一步一步改善孩子偏食的習慣。

Healthy Diet
均衡飲食小老師

• 幫助兒童了解不同的食材、改善偏食的習慣

產品尺寸：18(W)x30(H)x11(D) cm
產品包含：1只手偶+34張食物圖卡+1張食物金字塔卡
主要材質：100%棉、滌綸、棉布、紙

普遍的孩子都有偏食和排斥某一種食物的問題。家長可運用均衡飲食小老師帶領孩子來進行一趟食物之旅，讓孩子透過圖卡認識食物的種類和益處，藉由讓孩子把食物放進手偶的口裡，在遊戲中讓孩子明白嘗試不同種類食物的好處，慢慢改掉偏食的習慣和對特定食物的排斥感。另外，家長可以利用食物金字塔卡來教導孩子不同種類食物正確的的進食比例。這是一個教導健康飲食的好玩具。

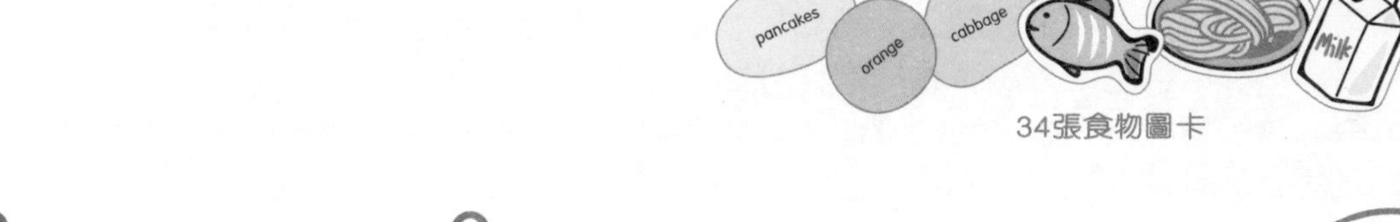

34張食物圖卡

❶

❷

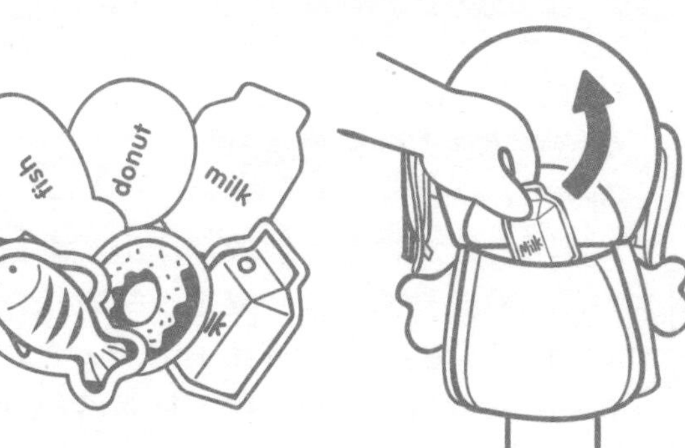

食物圖卡收集袋

活動一 認識我們吃的食物

◆認識生活中的食物。

內容：

*1.*將食物圖卡排列出來，請孩子說說哪些東西是他吃過的？

*2.*引導孩子說說這些食物的味道是什麼？

*3.*引導孩子說出食物的正確名稱。

活動二 食物的分類

◆透過圖卡辨識食物的類別並練習歸納。

內容：

*1.*請孩子說說食物金字塔的圖案中，為什麼食物會被分在不同的區塊中？

*2.*他們被這樣分開，有什麼原因嗎？孩子觀察到的是什麼？

*3.*最後，大人再引導孩子歸納出這些食物的種類及正確的分類名稱。

活動三 我也會分一分

◆練習食物的名稱及分類。

內容：

*1.*將食物的圖卡散放在桌上或地上，請幼兒一張一張的練習說說食物的名稱。

*2.*接著引導孩子用自己的方法將食物進行分類。

*3.*最後引導孩子對照食物金字塔的圖形，並觀察自己分類的內容和金字塔的分類有什麼不同的地方？為什麼？

活動四 我說你找

◆培養專注力與視覺辨識。

內容：

*1.*將所有的食物圖卡散放在桌上或地板上。

*2.*大人說出食物名稱，讓孩子拿取相對應正確的食物圖卡。

*3.*也可以角色互換，讓孩子出題，大人拿取圖卡。

*4.*為增加遊戲的趣味，可以加入沙漏計時。

活動五 角色扮演

◆透過角色的扮演，傳遞正確的飲食習慣。

內容：

*1.*大人先教孩子如何操作手偶。

*2.*請孩子扮演爸爸或媽媽，要請手偶小孩吃東西咯！

*3.*一面餵食手偶，一面和手偶進行對話，鼓勵手偶均衡的攝取各種食物。例如：多吃蔬菜，才不會便秘。

*4.*大人則在孩子遊戲的過程中，觀察孩子與手偶的互動，再適時的提供意見或引導即可。

活動六 對應練習

◆練習食物圖卡的對應。

內容：

*1.*可將食物金字塔的圖像放大，大約八開或A3紙張大小。

*2.*請孩子將食物圖卡放置到相對應的正確位置上。

*3.*再說一說，每一個分類的位置上有哪些食物？

活動七 我今天吃了沒

◆觀察生活中的飲食內容，進行記錄。

內容：

*1.*製作一張表格，表格當中有日期、以及各種食物分類的名稱。

*2.*大人引導孩子每天記錄自己吃了些什麼？哪些東西吃太多？哪些東西需要再多吃一些？

*3.*可以和孩子一起設定，紀錄要以多少時間為單位，例如：3天或3天…。

日期 ／食物類別	/ 星期X	/ 星期X	/ 星期X	/ 星期X
澱粉類				
蔬 菜				
水 果				
肉 類				
牛奶、芝士				
零食點心				

玩具選購與清潔小祕訣

陳娟娟（耕莘護理專科學校幼兒保育科 科主任）

玩，是每一個孩子與生俱來的能力，也是最自然的活動；玩也是孩子主動自發尋求快樂經驗的行為，本身就是目的。從兒童發展來說，孩子需要透過感官認識世界，需要透過具體的操作和反覆的練習來建構抽象的觀念。因此，玩也就成了孩子最自然的學習方式，因為在玩的當中孩子會主動地全心投入，且不斷地與玩伴產生互動，而使幼兒的潛能得以充分發揮。

父母和幼兒一起玩往往最能帶給幼兒信心和喜悅，也最能提供適當的幫助和引導，許多關心孩子的父母，雖然希望能給孩子周全的玩具和豐富的遊戲經驗，但卻又經常有玩具容易壞且不知如何清洗的困擾，其實，如果家長平時養成順手整理的習慣就容易多了！

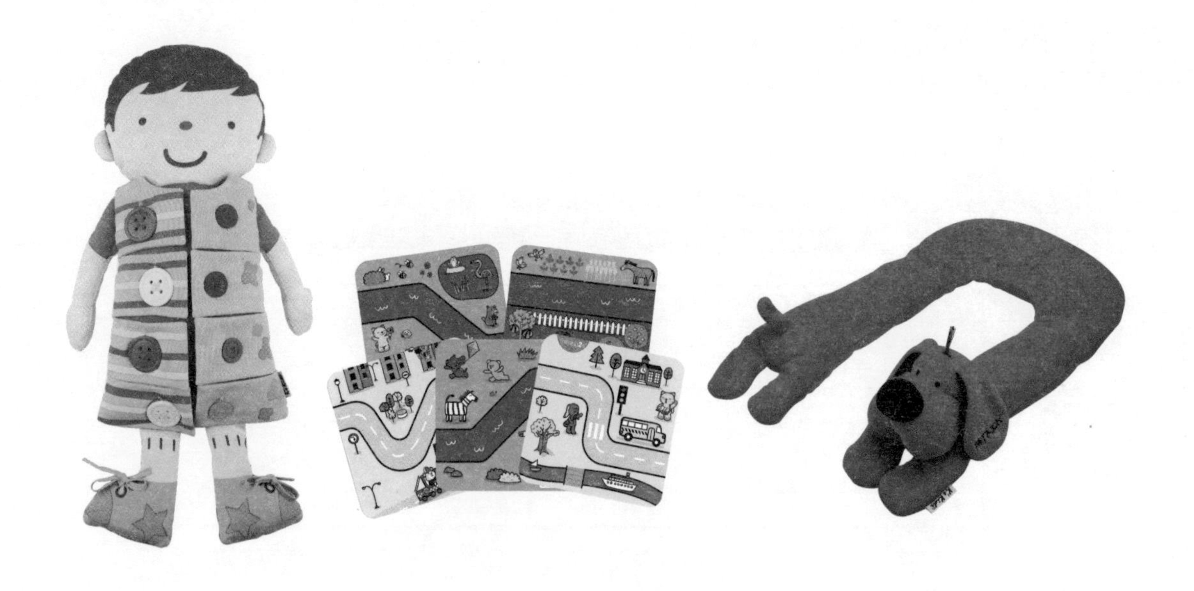

如何清洗玩具？

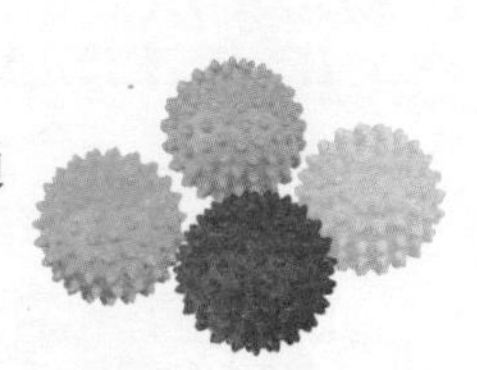

孩子常在地上、桌面玩玩具，也常將玩具放在嘴裡，病原微生物很容易通過直接或間接的方式黏附在玩具上，因此注意孩子的玩具衛生是十分必要的。

★絨毛玩具

最好的方式就是送到洗衣店去幫它們洗澡，目前市面上許多洗衣店已有這項服務，乾洗最大的好處是可以保持玩具本身的完整如新。不過一次若洗個八、九隻，費用亦相當可觀，倘若想節省這筆費用自己動手的話，可以試用以下的方法：

*1.*整隻清潔法：就是把整隻填充玩具丟進洗衣機或用手清洗，要注意盡量採用陰乾的方式，因為有些填充玩具的表皮受到陽光直接照射後，會產生褪色現象，就不好看了。
填充玩具最怕遇到破洞或眼睛、鼻子掉了的情形。因此洗之前最好先將眼睛、鼻子等配件縫牢後再洗。

*2.*清潔劑使用建議：請使用無色無味之清潔用品，並稀釋且以大量清水沖洗。
★請勿浸泡，以免清潔劑殘留。★

★塑膠類玩具

在每日消毒奶瓶時，可以利用剩下的熱水，順便將囓咬類的玩具放入熱水中用煮沸方式消毒。塑膠類玩具，如：車子、組合玩具或操作的玩具，至少每日清潔一次，方法是在正常洗滌前把玩具放入1：99的稀釋家用漂白水中浸泡30分鐘，再以清水洗淨，或用3~5%的來蘇或0.2~0.5%的過氧乙酸消毒液浸泡10~15分鐘，如果是不適合泡的塑膠類玩具可以用95%的酒精消毒玩具的表面，再以清水擦拭乾淨。

◆不可漂白
◆不可乾洗
◆不宜熨燙
◆適宜手洗
◆表示洗水溫度30度
◆不可烘乾

★其他類玩具

可以使用日曬或紅外線消毒方式清潔。

清洗注意事項

Training2s系列產品皆可用洗衣機或手清洗（除了附有電子產品或音樂產品）
洗滌前一定要看清楚標示的洗滌説明，以免下水後造成變形或產生起毛球現象。

1.洗衣機——將洗衣機調至最輕柔的洗衣狀態，清洗時間不宜太長，最好在30分鐘以內完成清洗工作。

2.手洗——手洗時不可用過熱的水清洗產品，否則會破壞產品的纖維導致布料縮水變形，最好使用水溫30度即可。

3.洗後處理——晾乾時要將產品平放在物體上自然風乾，不可把產品掛起，因為產品在濕水後重量會增加，將其掛起將導致產品變形，亦不可用熱風風乾產品，否則將導致產品內棉變硬，甚至產生褪色現象。

4.如果在清洗過程中不小心產生了褪色現象，請勿擔心，因為我們所使用的布料和染料是安全無毒成份，在CE歐盟和ASTM美國安全測試中都是通過 "Toxic Element Testing"（毒性元素測驗），安全品質有保障。

選購玩具小常識

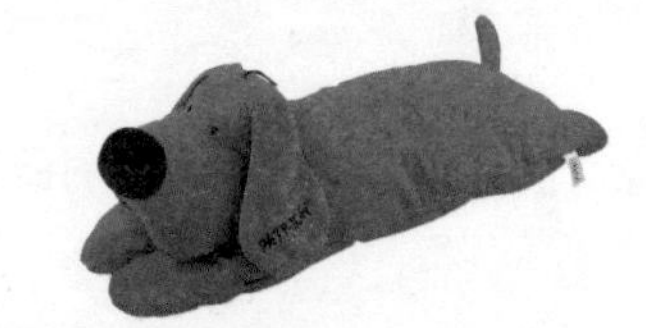

★看清楚玩具安全標誌，精挑細選

父母親在購買玩具時, 一定要選擇符合國際安全標準的玩具。玩具上會印有歐洲CE標誌或符合美國ASTM規定的標誌。特別要注意玩具上是否有玩具名稱、使用方法及警告等標示、使用年齡、主要成份等。

★依照幼兒年齡層選購適合寶寶的玩具

不同發展的幼兒，所需要的玩具不同，適合3~6歲幼兒的玩具，可能一歲幼兒操作時，會有潛在的危險性。出生後的前三年，是孩子變化最快的時候。而不同年齡層的孩子需要不同的刺激，所以適合的玩具並不相同；玩具應該因兒童年齡及能力不同而有差異，孩子喜歡玩的玩具是他們能夠操作，太難令孩子有挫折感，太簡單又使他們覺得無聊。

所以，父母應該根據玩具上使用年齡的標示來購買，但如果孩子具有較一般同齡兒童更佳的操作能力，父母則可以選購難度較高的玩具。基本上年齡越小的幼兒所需要的玩具單元體要越大，且一體成形，不易被幼兒因誤用而產生危險。

★安全玩具同樣也要安全的使用

購買安全玩具之後，就一定確保孩子的安全嗎？購買完後的第一步，應該要先詳細閱讀玩具盒上的安全標籤，或是說明書上面的文字，以免錯誤的使用，反而變成不安全的玩具。第二，將包裝玩具的塑膠套袋收藏好，以免造成孩子窒息。最後，裝有電池的產品，記得定期檢查電池，如有一段時間不會使用，請務必取出電池，避免電池漏液，也不要讓孩子誤食了。

孩子從主動操作中學習，如果孩子能從玩耍中獲得成功的經驗，他們就會得到一種成就感，如此一來，他們便會樂於成為一個勇於追求挑戰的人。除了以上的原則之外，父母們還要多多觀察自己的孩子，因為不同的孩子喜歡的、需要的玩具也不盡相同。相信只要你多花點心思，一定可以選出讓你和孩子都滿意的好玩具。

玩具需要管理才會好玩，且能玩出玩具不同的生命

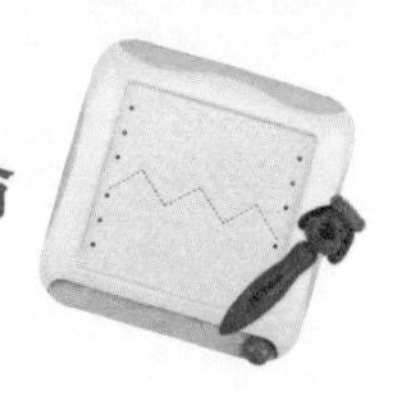

★玩具的整理

每一個玩具都需要一個擺放的位置，許多廢物空盒和箱子都可以加以利用，做為存放玩具的容器，例如：塑膠盒、鞋盒、冰淇淋小圓筒等等。父母可以在容器上貼上文字或圖片標籤，使孩子容易辯識盒內的玩具。慢慢地，孩子便學會了如何分類、整理，以及培養物歸原處的好習慣。

★玩具的擺放

把玩具放置低的、開放的架上，使孩子可以自行取得。孩子能自己拿到他要用的東西，便能日趨獨立。但需要父母在旁指導或協助使用的玩具則應該放在高處，這樣可以讓孩子瞭解，拿不到的玩具是必須要有成人陪同才可以玩的。

★玩具的使用

不同的玩具須在不同的地方玩，譬如說，三輪車最好放在室外。有些玩具可以在地板上玩，而附有組件的玩具（如：建構性積木、拼圖、活動工具組合）則適合在桌上或小地毯上玩，這樣小組件才不會散落一地而找不到。

★玩具的輪替

現在的孩子通常有過多玩具，若家中擺放太多玩具，對孩子來說是過度刺激，沒有辦法達到預期的學習效果。所以，有些玩具可以暫時收起來，等到孩子因為年齡增長而產生新的玩法時，再把玩具拿出來玩。每個星期保持家中玩具半新半舊狀態，每週五做為玩具的更換日，以保持孩子新鮮的心情。

★如何陪孩子收玩具？

◆ 在遊戲中，父母不需要「盯著」孩子收拾，而是要提供快樂的經驗，請捨棄動不動就想教孩子收乾淨的念頭，等孩子玩到一個段落再跟孩子一起收拾。
◆ 當孩子玩大量積木時，在過程中估量他收不完時，先暗中幫忙收一些，再跟孩子一起收拾。
◆ 每一種玩具都有一個位置，才能要求孩子收回原處。陪孩子玩玩具需要耐心，更需要自己有想玩的童心，如果自己對該玩具很熟悉，就能預估孩子何時會碰到挫折，何時會需要稱讚，也才能預期這件玩具能吸引孩子多少時間，才不致錯估、誤估。

K's Kids®

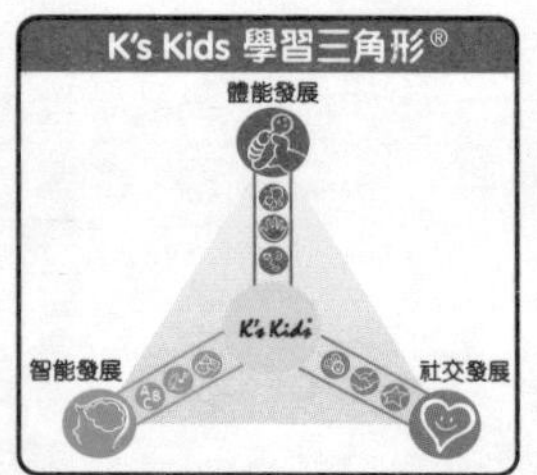

體能發展

感官

啟發孩子的視覺、聽覺、觸覺、嗅覺及味覺。

小肌肉

鍛鍊孩子手眼協調，小手指以及腳趾活動的細微動作。

大肌肉

讓孩子發展主要肌肉，如手、腿、來訓練孩子踢腳、爬行、步行及跳躍等動作。

智能發展

邏輯智慧

通過設計獨特的玩具，讓孩子認識物體的關係，以及引導孩子嘗試解決問題。

藝術思維

增強孩子對顏色、形狀、形態、比例、透視、音樂或節奏的了解。

語言表達

誘發孩子發聲、加強語言能力及表達能力。

社交發展

情緒

透過玩樂讓孩子正面表達情緒，從而學習控制情緒，並有效地與其他人互動。

溝通

培養孩子擁有良好的溝通技巧，引導孩子如何表達自己的想法。

自我形象

幫助孩子明白自我價值，提升個人自信及擁有成就感。

寶寶發展評估表

0-3M+

- [ ] 對鈴聲有反應
- [ ] 能看見30厘米內的物件
- [ ] 只能分辨鮮色及黑白色
- [ ] 對眼前突然消失的東西感驚奇
- [ ] 會轉頭望向聲音方向
- [ ] 抓取任何被放到手中的東西，只懂抓不懂放
- [ ] 會把玩手指
- [ ] 能抓著搖鈴
- [ ] 手部和腳部會明顯擺動
- [ ] 俯伏下抬頭45度
- [ ] 只能發出哭聲
- [ ] 嘗試發出不同聲音
- [ ] 飢餓或不適時會哭
- [ ] 以哭泣吸引成人注意
- [ ] 注視他人的臉孔
- [ ] 會微笑，有臉部表情
- [ ] 發出高聲
- [ ] 反射式微笑

3-6M+

- [ ] 對發聲物體感興趣
- [ ] 對不同質感物件有興趣，喜歡接觸軟滑的東西
- [ ] 下意識地伸手抓取玩具及物件（在早期）
- [ ] 能搖動搖鈴
- [ ] 有意識地伸手抓取玩具及物件（在後期）
- [ ] 俯伏下抬起胸部
- [ ] 轉頭觀察四周
- [ ] 能向左右兩邊翻身
- [ ] 能短時間坐起來
- [ ] 能獨自坐穩玩玩具
- [ ] 對圓形及滾動物品有興趣
- [ ] 對圖像產生興趣
- [ ] 會利用哭泣吸引成人注意
- [ ] 能有意識地發出重覆音
- [ ] 對陌生人感到不安
- [ ] 被刺激會笑
- [ ] 追視身旁走動的人
- [ ] 能被湯匙餵食

6-9M+

- [ ] 喜歡將東西放入口
- [ ] 開始長牙齒
- [ ] 對鏡中事物有興趣
- [ ] 能左右手交換積木或物件
- [ ] 懂自行拍掌
- [ ] 喜歡按鈕
- [ ] 能掌握戳、擰、拋
- [ ] 能掌握簡單動作：開合、上下揭、推拉等
- [ ] 能爬行
- [ ] 抓住東西站穩
- [ ] 可以長時間坐著
- [ ] 抓住東西學走路
- [ ] 明白動作會產生聲音
- [ ] 有顏色概念
- [ ] 明白"不"的含意
- [ ] 知道自己的名字
- [ ] 模仿別人發音
- [ ] 會為情緒及心情哭泣
- [ ] 開始能辨別讚賞與責罵
- [ ] 會與成人玩互動遊戲
- [ ] 觸摸同齡小朋友
- [ ] 用身體不同的部分去探索周圍環境
- [ ] 模仿鏡中自己做動作

9-12M+

- [ ] 能辨別自己的名字
- [ ] 喜歡看照片
- [ ] 能分別冷熱、乾濕、軟硬
- [ ] 能把環扣起
- [ ] 懂運用姆指、食指同時抓物件
- [ ] 能堆疊起兩塊積木
- [ ] 能用兩手開合剪刀
- [ ] 喜歡敲打積木
- [ ] 能獨自站立
- [ ] 在扶持或推車下走路
- [ ] 懂得爬樓梯
- [ ] 對不同質感、表面凹凸不平的東西感興

12-15M+

- [ ] 會用眼睛搜尋東西
- [ ] 眼睛能跟蹤快速移動的東西
- [ ] 喜歡透過觸動物件發出聲音
- [ ] 推動玩具車
- [ ] 能將膠圈套在柱上
- [ ] 把物件放入瓶子內
- [ ] 能堆疊起三塊積木
- [ ] 能獨自行走3-4步
- [ ] 行走時懂轉彎
- [ ] 理解上下左右概念

15-18M+

- [ ] 能分辨生活中不同物件的聲音
- [ ] 能拉動拉繩玩具
- [ ] 一頁一頁地翻書，能做到手眼協調
- [ ] 能堆疊起四塊積木
- [ ] 能脫鞋
- [ ] 能拖著手上下樓梯
- [ ] 可以用腳踢球
- [ ] 可以跑短距離
- [ ] 能依指示指出1-2個身體部份

- ☐ 有特定的顏色偏好
- ☐ 能夠握筆塗鴉
- ☐ 叫爸爸媽媽
- ☐ 模仿成人2-3個音節的發音
- ☐ 喜歡看成人做重覆性的滑稽動作
- ☐ 極度依附母親
- ☐ 有意識地捉摸照顧者的臉孔
- ☐ 能接受簡單指令
- ☐ 對人有興趣，愛引起人的注意
- ☐ 能分辨語氣，讚賞或責罵
- ☐ 對自己的名字有反應
- ☐ 專注力：能連續遊玩10分鐘

- ☐ 能分辨圓形及正方形
- ☐ 懂分辨顏色
- ☐ 能理解完整句子
- ☐ 能說5-6個詞彙
- ☐ 對洗澡有莫名的好奇
- ☐ 喜歡別人稱讚
- ☐ 獨自玩耍為主
- ☐ 模仿家人動作行為
- ☐ 喜歡玩捉迷藏
- ☐ 能獨自脫衣

- ☐ 能理解大小概念
- ☐ 會隨音樂節奏擺動身體
- ☐ 摹仿畫出直線
- ☐ 能開始說更多單字、名詞和動詞
- ☐ 愛扔東西
- ☐ 懂用擁抱及親吻表示好感
- ☐ 在指示下懂揮手再見
- ☐ 模仿家中物品的使用方法
- ☐ 愛玩洋娃娃及角色扮演

18-24M+

- ☐ 能分辨不同樂器的聲音
- ☐ 明白節奏感
- ☐ 能用指尖取物
- ☐ 自行用羹匙進食
- ☐ 用食指及姆指執繩
- ☐ 將錢幣放入窄孔內
- ☐ 能堆疊起六塊積木
- ☐ 能自行扣鈕
- ☐ 可以用積木搭橋
- ☐ 開始能以單腿站立
- ☐ 自行上下床
- ☐ 在扶持下上下樓梯
- ☐ 能打鞦韆
- ☐ 準確地向前踢球
- ☐ 單腿站立
- ☐ 能推動大球前進
- ☐ 可以拋球
- ☐ 自行爬上三輪車
- ☐ 能辨別及分析書本內容
- ☐ 能將不同物件分類
- ☐ 理解內外觀念
- ☐ 理解因果關係
- ☐ 有數量1的概念
- ☐ 對拼圖有興趣
- ☐ 摹仿畫出橫線
- ☐ 摹仿畫出圓圈
- ☐ 將一件物件想像成另一件物件(椅作車、圓木作鎗)
- ☐ 可以自行畫直線
- ☐ 分辨2種以上顏色
- ☐ 與洋娃娃對話
- ☐ 用單字與其他人溝通
- ☐ 看圖能說出事物名稱
- ☐ 開始時常說"不"表達自己的意願
- ☐ 能運用動詞及名詞，以短句表達
- ☐ 能說出自己的名字
- ☐ 能說出要去廁所
- ☐ 不能達到目的時會發脾氣
- ☐ 會與他人爭奪物品及玩具
- ☐ 堅持自己的做事方法
- ☐ 有回憶力與假想力
- ☐ 對自己身體發育有興趣
- ☐ 能指出身體部位
- ☐ 開始參與群體遊戲
- ☐ 懂關門
- ☐ 自行用羹匙進食
- ☐ 喜歡聽故事
- ☐ 能辨認屬於自己的物品
- ☐ 自行持杯飲水
- ☐ 能說出要去廁所
- ☐ 專注力：能連續遊玩20-30分鐘

24-36M+

- ☐ 能分辨尖銳和鈍角
- ☐ 能控制吹氣的強弱力度
- ☐ 喜歡按會發聲的按鍵或琴鍵
- ☐ 能分辨疲倦、痛楚、痕癢
- ☐ 會串珠
- ☐ 能堆疊起7-8塊積木
- ☐ 能自行綁鞋帶
- ☐ 能操作剪刀
- ☐ 能擰開罐蓋
- ☐ 能堆疊起8-9塊積木
- ☐ 能扣上膠扣
- ☐ 能用腳尖走路
- ☐ 能以雙腳向前跳
- ☐ 能踩三輪車
- ☐ 能自我控制跑步快慢
- ☐ 有數字概念
- ☐ 能配對圓形、方形、三角形積木
- ☐ 能數1-5(在早期)
- ☐ 有多與少的概念
- ☐ 懂分辨上下
- ☐ 能將三個以上形狀分類，並說出名稱
- ☐ 能比較物件大小
- ☐ 分辨長短
- ☐ 能數1-10（在後期）
- ☐ 明白相反詞
- ☐ 摹仿畫出四方形
- ☐ 可自行畫圈
- ☐ 能分辨4種或以上顏色
- ☐ 能在空格中填色
- ☐ 能唱一首完整的歌
- ☐ 玩黏土
- ☐ 有自己喜歡的顏色
- ☐ 以不同形狀物品玩想像遊戲
- ☐ 能與人打招呼，說再見
- ☐ 能理解200個詞彙
- ☐ 會經常問：為什麼？
- ☐ 懂得用形容詞
- ☐ 懂得接電話
- ☐ 能以人物、地點、動作組合說出句子
- ☐ 常唱兒歌
- ☐ 能說出自己的歲數
- ☐ 妒忌心變強
- ☐ 會刻意違反成人的指示
- ☐ 扮演生活中熟悉的人物
- ☐ 聽到悲傷的故事時會哭
- ☐ 能主動與熟悉的成年人打招呼
- ☐ 用動作或語言表達自己的喜惡
- ☐ 接受指令做事，如去洗手，吃餅乾
- ☐ 對同齡者觀察及嘗試溝通
- ☐ 懂得分享
- ☐ 明白規則
- ☐ 明白別人讚賞
- ☐ 能扣衣鈕
- ☐ 能操作剪刀
- ☐ 會稱讚自己
- ☐ 說出圖片中物品的名稱
- ☐ 明白自己的性別
- ☐ 能唱一首完整的歌
- ☐ 自行刷牙
- ☐ 能穿鞋
- ☐ 介意別人評價

國際獎項：

Training2s 學易樂

兒童綜合發展親子手冊

玩出孩子的大能力

發行人 / 黃嘉齡
總企劃 / 葉詠斯、李婉華、蘇慧敏
作者 / 栢嘉幼教顧問及工作小組
特約主編 / 吳伯玲
出版經理 / 陳進德
活動設計 / 王湘妤、李素銀、盧怡方
美術設計 / 張輝良、勞家韻
印刷主任 / 何永剛、鄭敏雯
產品版權 / K's Kids
出版發行 / 栢嘉推廣(香港)有限公司 (Paka Promotion (HK) Ltd.)
電郵 / book@paka.com
發行 / 香港聯合書刊物流有限公司 (SUP Publishing Logistics (HK) Ltd.)
香港新界大埔汀麗路36號中華商務印刷大廈3字樓
電話 / (852) 2150 2100　傳真 / (852) 2356 0735
網址 / www.suplogistics.com.hk
出版日期 / 2017年 1月出版 (第一版)

承印 / 中編印務有限公司
香港黃竹坑道24號信誠工業大廈7樓

定價 / 港幣 $129　新台幣 $490
國際書號 / 978-988-17905-2-1
圖書分類 / (1)兒童　(2)遊戲